奇趣科学

玩转地理

U0685015

冰峰的秘密

刘清廷◎主编

时代出版传媒股份有限公司

安徽美术出版社

全国百佳图书出版单位

图书在版编目（CIP）数据

冰峰的秘密/刘清廷主编. —合肥：安徽美术出版社，
2013.3（2021.11 重印）（奇趣科学. 玩转地理）
ISBN 978 - 7 - 5398 - 4252 - 3

Ⅰ.①冰… Ⅱ.①刘… Ⅲ.①冰山 - 探险 - 青年读物
②冰山 - 探险 - 少年读物 Ⅳ.①P343.6 - 49

中国版本图书馆 CIP 数据核字（2013）第 044192 号

奇趣科学·玩转地理
冰峰的秘密

刘清廷 主编

出 版 人：王训海
责任编辑：张婷婷
责任校对：倪雯莹
封面设计：三棵树设计工作组
版式设计：李 超
责任印制：缪振光
出版发行：时代出版传媒股份有限公司
        安徽美术出版社（http://www.ahmscbs.com）
地　　址：合肥市政务文化新区翡翠路 1118 号出版传媒广场 14 层
邮　　编：230071
销售热线：0551-63533604 0551-63533690
印　　制：河北省三河市人民印务有限公司
开　　本：787mm×1092mm　1/16　印 张：14
版　　次：2013 年 4 月第 1 版　2021 年 11 月第 3 次印刷
书　　号：ISBN 978 - 7 - 5398 - 4252 - 3
定　　价：42.00 元

{P REFACE}

冰 峰 的 秘 密

　　人与大自然的接触过程中，最具挑战性的莫过于攀登冰峰。1924年，《纽约时报》记者问玛洛里："你为什么要攀登珠穆朗玛峰？"他不假思索地回答："因为山在那里。"这句话成了登山界的名言。

　　冰峰可能是山峰中自然条件最为恶劣，攀登难度最大的峰顶。自从18世纪法国人巴卡罗攀上欧洲最高峰阿尔卑斯山脉的勃朗峰后，名为"阿尔卑斯运动"的登山由此拉开了人类大规模攀登冰峰的活动。时至今日，不论是非洲赤道上乞力马扎罗山还是北美洲最高峰麦金利山，不论是南半球的阿空加瓜峰还是世界之巅珠穆朗玛峰，都留下了人类攀登的足迹。

　　正如所有的探险一样，在这几个世纪以来的攀登冰峰长河中，有失败也有成功，有牺牲也有快乐。但勇于攀登的人，总能找到到达顶峰的道路。

　　虽然攀登的步履中充满着艰辛，但必须重新振作，调理好心情，收拾好伤口和血迹，选择好路径、脚踏实地再次开始。

　　无论你是为攀登而爬上冰峰，还是为爬上冰峰而攀登，这些都只是一个过程，一个与攀爬的结果相连的过程。因为"在人生的道路上没有平坦的大道，只有不畏劳苦沿着陡峭山路攀登的人，才有希望达到光辉的顶点"。

CONTENTS

目录 冰峰的秘密

冰峰之旅

人类大规模攀登冰峰的开始——征服勃朗峰 2

攀登阿尔卑斯山脉 16

马特宏峰惨剧 20

从 "首次登顶" 到 "新路线登顶" 30

高加索山脉 40

征服非洲高峰 43

以美国总统名字命名的北美洲最高峰——麦金利山 49

征服南美洲高峰 59

帕米尔——挑战 7000 米 72

世界之巅——喜马拉雅山脉 75

中国登山 114

征服地球之巅 125

最后一座 8000 多米的处女峰 139

跨越珠穆朗玛峰 151

再测珠穆朗玛峰 161

登山轶事 165

世界名山

意大利的脊梁——亚平宁山 198

亚欧界山——乌拉尔山脉 204

北美洲的 "脊骨" ——落基山脉 208

世界上最长的山脉——安第斯山脉 212

冰 峰 之 旅

　　1786 年 8 月，法国人巴卡罗与当地人巴尔马特结伴第一次登上阿尔卑斯山脉的最高峰勃朗峰。次年，由科学家索修尔率领的登山队再度登上勃朗峰，引起巨大轰动，世界登山运动由此诞生。此项运动也称为"阿尔卑斯运动"。

　　19 世纪 80 年代以后，登山活动地区也从阿尔卑斯山脉低山区向外扩展，一路扩展到亚洲的喜马拉雅山脉、喀喇昆仑山区，另一路则越过大西洋进入美洲大陆。

　　1964 年，攀登冰峰的人们迎来了喜马拉雅山脉的一个新的登山时代——白银时代。登山者在不使用氧气装备的基础上攀登到海拔 8500 米的高度，向生命极限发起挑战。

　　除了上面提到的阿尔卑斯山脉、喜马拉雅山脉，世界上还有许多高山险峰，吸引了无数人去攀登去征服。

人类大规模攀登冰峰的开始——征服勃朗峰

◎ 阿尔卑斯山

在欧洲的中部，有一座雄伟挺拔的巨大山脉，山势高峻而陡峭，山峰绵延起伏，山巅白雪皑皑，放射着耀眼的光辉，如同一条银色的长龙横跨欧洲大陆，这就是欧洲最高山脉——阿尔卑斯山脉。

阿尔卑斯山脉蜿蜒起伏约 1200 千米，平均海拔约 3000 米，它从热那亚湾附近的图尔奇诺山口沿法国和意大利交界线北上，经瑞士进入奥地利境内，沿途跨越法国数省、意大利北端、瑞士和奥地利的绝大部分，有些支脉甚至伸入德国境内。

阿尔卑斯山脉的形成经历了一个漫长的过程。在中生代绝大部分时间里，南部欧洲被比现在大的地中海所覆盖，大量石灰质的沉积物流入其中，并且逐渐沉积了下来。当时这片海域被两个大陆块环绕着，北面的是劳拉细亚大陆，南面的是冈瓦那大陆。根据大陆漂移学说，南面的大陆块开始向北推进，不断地侵入广阔的沉积海槽。早在中生代中期海脊就开始形成，不久它们便浮出海面成了弧形列岛。在整个白垩纪时期，地壳的变形一直继续进行，并在第三纪中期达到了高峰，沉积层和结晶的基部逐渐隆起，高出海面

拓展阅读

海拔

地理学意义上的海拔是指地面某个地点或者地理事物高出或者低于海平面的垂直距离，是海拔高度的简称。它与相对高度相对，计算海拔的参考基点是确认一个共同认可的海平面进行测算。这个海平面相当于标尺中的 0 刻度。因此，海拔又称为绝对高度。而相对高度是两点之间相比较产生的海拔高度之差。

阿尔卑斯山脉

数十千米，并且还被推到巨大的褶皱之中，其中大部分向北倒转。到了造山运动的晚期，褶皱的较高部分越过较低部分，或者被逆冲岩面拖曳而在已经形成的山地构造上面滑动，造山运动终止于法国、瑞士和奥地利境内阿尔卑斯山脉的前沿部分，往往形成高达 2000 米的悬崖峭壁，大规模伴随而来的是侵入、火山喷发、隆起或下沉。

尽管阿尔卑斯山脉是地质运动的产物，这次造山运动牵连了南欧大部分地区，阿尔卑斯也成了数座山脉的交汇点。它向东延伸是喀尔巴阡山脉，向南延伸是亚平宁山脉，向西南延伸是比利牛斯山脉。据考证，阿尔卑斯山脉可能还穿插过希腊的山峰和希腊岛屿，一直延伸到伊朗和中亚的较高山脉，只是在小亚细亚稍微有点儿中断。最终，阿尔卑斯山脉以雄伟的姿态屹立于南欧大陆，眺望着那碧波万里的地中海。

阿尔卑斯山脉的主峰勃朗峰是欧洲最高峰。勃朗峰由于常年受西风影响，降水量非常多，山顶终年积雪。勃朗峰，海拔约 4807 米，位于法国和意大利的边境上。

越过隆河峡谷便是伯尼兹阿尔卑斯山，这是中部阿尔卑斯山脉的主要山脊。此山脉拥有许多高耸的山峰，海拔在 4000 米以上的有芬斯特瓦峰、阿莱奇峰和少女峰。其中少女峰最为秀美，亭亭玉立犹如一个脉脉含情的少女翘首远望。山顶积雪皑皑，耸入云中，雪线以下绿意悠悠，绿树随山势此起彼伏，

瑞士少女峰

青草漫山遍野。虽然少女峰看起来温柔秀丽，但是极难攀登。1811年有人第一次登上了少女峰，但直到1936年才有人登上此峰最为艰难的一面山坡。现在爬少女峰可以乘火车。

阿尔卑斯山脉由于海拔较高，地理环境非常复杂，形成了独特的气候区域，内部差异也很显著。山的东部和北部处于西风带，冬暖夏凉，夏季降水充足；山脉的南部受地中海湿润气流的影响，冬季温暖湿润，夏季干燥炎热。阿尔卑斯山脉的降水量随海拔升高而增多，自西向东逐渐减少。年降水量一般在1200～2000毫米，高山地带可达3000毫米，山区河水多以雪的形式来补充，成为许多大河的水源之一。

你知道吗

雪 线

雪线——常年积雪的下界，即年降雪量与年消融量相等的平衡线。雪线以上年降雪量大于年消融量，降雪逐年加积，形成常年积雪（或称万年积雪），进而变成粒雪和冰川冰，发育成冰川。雪线是一种气候标志线。其分布高度主要决定于气温、降水量和地形条件。高度从低纬向高纬地区降低，反映了气温的影响。

你知道吗

西风带

西风带是位于副热带高气压带与副极地低气压带之间（大致在南北纬30°～60°）的盛行风带。副高向副极地低压散发出来的气流在地转偏向力的作用下，偏转成西风（北半球为西南风，南半球为西北风），因此西风是在西风带的盛行风。在其控制地区，西风一般比较强劲，海洋上风浪较大，陆地迎风坡地带温和多雨。

阿尔卑斯山脉也是军事上的战略要地，山上的通道对取得战争最后胜利曾起过重要作用。位于意大利和瑞士边界的大圣伯那通道曾经被拿破仑选择作为他侵略意大利的通路；瑞士中部的辛普伦通道和圣哥达通道连接奥地利和意大利，更远可到达东方的布罗纳山口，这条路对中世纪德国的帝王来说是到达意大利的最佳途径。第二次世界大战后，又有许多公路隧道相继通车。1980年，圣戈塔隧道通车，全长约

16.3 千米，是当今世界上最长的公路隧道，成为中南欧交通的大动脉。

伟大的诗人拜伦曾经把阿尔卑斯山脉比作"大自然的宫殿"，阿尔卑斯山脉的确当之无愧。它早已成为欧洲最大的旅游胜地。

◎ 阿尔卑斯山脉的神话

据传说，许多年以前，当时的瑞士，正处在外国侵占者的奴役之下。在瑞士的一些州爆发了人民起义。起义是由三兄弟领导的。三兄弟都是勇敢而坚强的人。

起义者为争取自由和独立而英勇战斗，但是他们的力量却逐渐衰弱下来，战士们相继牺牲，最后只剩下了勇敢的三兄弟。他们边战斗边向山上退却。追兵来到山下后，封锁了下山的道路，三兄弟被困在山上。他们对自由的热爱是那样强烈，宁愿作为自由人而死，也决不愿作为奴隶而生。这种热爱自由的精神战胜了死亡。三兄弟没有死，他们深入到深山密林之中，等待着人们成为自由人的伟大日子的到来。

从那时起，他们在山中蒙眬入睡了。他们梦见祖国的自由和幸福，梦见整个大地上有了自由和幸福。

🖋 知识小链接

瑞 士

位于欧洲中部，与德国、法国、意大利、奥地利及列支敦士登接壤。瑞士是全球最富裕、经济最发达和生活水准最高的国家之一，人均国民生产总值居世界前列，旅游资源丰富，有世界公园的美誉。伯尔尼是联邦政府所在地，而该国的两个著名全球性都市苏黎世和日内瓦分别被列为世界上生活品质最高城市的第一和第二名。瑞士也是世界著名的中立国，历史上一直保持政治与军事上的中立，但瑞士同时也参与国际事务，许多国际性组织的总部都设在瑞士。

有一天，三兄弟中的一个偶尔从山中走出来，登上冰封的山巅。这时住在山谷里的人们看到他高大的身影映在天空的云团之上。他环顾整个世界，然后忧伤地回到兄弟身边，对他们说道："伟大的解放的日子还没有来临。"

兄弟们悲哀地叹息着，这时排山倒海的雪崩从山上滚下来……

神话总归是神话，但是今天瑞士的阿尔卑斯山脉中，发生了一个完全类似的故事：

有一批旅游者向阿尔卑斯山脉的一座山峰攀登。这些旅游者都是年轻人，只有向导是个老山民。这些年轻人中，有许多人是第一次来山中旅游的。一开始他们精神抖擞，走得很快。但是这些登山者越向上爬，步履越艰难。不久，每个人都开始感到筋疲力尽了。只有向导一个人仍像以前那样稳步而行，他敏捷地跳过山中的裂缝，迅速而轻巧地爬到突出的一块岩石上。他站在山岩上举目四望，一幅奇妙的景象展现在他眼前。只见周围高耸着白雪皑皑的山峰，近处的山峰在炫目的阳光下闪耀着刺眼的光芒，远处的山峰则呈现出淡淡的蓝色。陡峭的斜坡伸向深深的峡谷，阿尔卑斯山脉浅绿色草地像明亮的斑点一样散落在山下。

基本小知识

岩 石

岩石是天然产出的具有稳定外形的矿物或玻璃集合体，按照一定的方式结合而成。它是构成地壳和上地幔的物质基础，按成因分为岩浆岩、沉积岩和变质岩。

当旅游的人们上到大约 2000 米的高度时，开始从北方吹来阵阵冷风。顿时，天空中浓云密布，下起了小雨。雨雾越来越大，逐渐地遮盖了一切。

疲惫不堪的人们浑身都湿透了，他们已经不想再向山顶攀登，而准备返回了。这时向导告诉他们，就快到一个可以休息的地方了。十几分钟后，他们就来到一个不大的茅舍，由于年久失修，茅舍看起来几乎成了黑色的。按照当地山里居民的风俗习惯，小屋里还储存着干草。

不一会儿，炉子里燃起了炉火。旅游者们高兴起来，他们边取暖，边烤衣服，有的人则在准备食物。

两小时后，太阳又出来了，休息之后的他们又变得兴致勃勃起来，准备向顶峰进军了。他们也慢慢地掌握了爬山的窍门。为了节省体力，他们走得比较慢，最后终于来到这座山的一个侧峰。

　　这时已是夕阳西下时分，太阳临近地平线了，强劲的北风继续把云团向南方驱赶。太阳的光线从下向上照射着人们。就在这时，突然发生了意想不到的"奇迹"。

　　一个年轻人赶到向导前面，第一个登上了山巅。就在他踏上岩石的瞬间，在东方的云彩上出现了一个人的巨大身影。影子十分明显，人们不约而同地停下了脚步。但是向导平静地看了那个巨大的影子一眼，又看看惊呆的年轻人，笑了笑，然后对他们说道："别害怕，这是常有的事。"说话之间，他已登上了岩石。

　　当他和先到的那个年轻人并排而立时，云彩间又出现了一个巨大的人影。向导从头上摘下暖和的毡帽，挥动着它。其中一个影子也跟着他动作：一只巨大的手抬到头上，摘下帽子，挥动着它。年轻人把自己手中的拐棍向上举起，他的巨大身影也跟他一样做同样的动作。

　　这样一来，每一个旅游者当然都想爬到岩石上，看看自己在空中的影子。但是，云彩很快遮盖了正在向地平线下降落的太阳，于是这奇异的影子也就随之消失了。

拓展阅读

莱茵河

　　西欧第一大河，发源于瑞士境内的阿尔卑斯山脉北麓，西北流经列支敦士登、奥地利、法国、德国和荷兰，最后在鹿特丹附近注入北海。它全长 1320 千米，是一条著名的国际航运水道，通航长约 869 千米。

◎ 索修尔的悬赏

　　阿尔卑斯山脉奇峰突兀，白雪皑皑，那巍峨壮丽的群峰时隐时现，给人无数遐想和神往。阿尔卑斯山脉孕育了著名的罗讷河、莱茵河、多瑙河、阿迪杰河和波河，也演出了登山史上许许多多个可歌可泣的故事。

　　在北纬 45.7°、东经 7°的阿尔卑斯山脉西麓，坐落着一座海拔约 4807 米的白色山峰——勃朗峰。勃朗峰是整个阿尔卑斯山脉的最高峰，也是欧洲最高峰，人类正式把登山作为一项运动和事业，正是从这里开始的。

1740 年，索修尔出生于瑞士的日内瓦。从孩提时代起，索修尔就表现出了对大自然的无限向往和对科学事业的无比热忱。1760 年，刚刚 20 岁的索修尔已经是日内瓦科学界一位举足轻重的学者了。为了研究冰川，他来到观光胜地夏摩尼一带。通过考察，他获得了许多宝贵的资料。通过对这些资料进行的整理分类，他写成了对后世地理学发展有重大影响的专著——《阿尔卑斯之旅》。

在夏摩尼的那些日子里，索修尔在工作之余，时常凝视着东南方向。那里就耸立着跨越意大利、法国和瑞士三国边界的勃朗峰。勃朗峰雄踞于群山之上，白色的圆顶在蔚蓝色的天幕下呈现出柔和而优美的弧线；皑皑白雪与璀璨的阳光交相辉映，格外耀眼。勃朗峰的海拔约 4807 米，对于当时的欧洲人来说，那是一个可望而不可即的高度，所以，当索修尔看到勃朗峰时，它还是无人攀登过的处女峰。

几乎索修尔碰到的每一个山地居民都坚信：在那美丽的勃朗峰顶上，居住着吃人的恶魔。那时，距离达尔文完成他那著名的进化论还差整整 1 个世纪，地理学与生物学知识少得可怜，所以，不但山地居民相信神与鬼的传说，连一些有名气的西方学者也相信，在高山的顶上有着神秘的、威力无比的恶龙。

索修尔当然不相信所谓恶魔或者恶龙的传说。他只对山情有独钟，他不仅热爱山，还对山有较深的研究。他认为，撇开多少世纪来人们的迷信观念不论，前辈或同辈探险者们关于恶龙的描绘，很可能是主观上的错觉，或许，他们只是在远处看到了一条弯曲的冰川。

索修尔对阿尔卑斯山脉和对勃朗峰很有兴趣。他最初的设想是在峰顶上建一座科学研究所，然而不管他怎样费尽口舌说服当地人帮助

勃朗峰

他登上峰顶，还是无法寻求到一个支持者。

索修尔并没有因此放弃自己的计划，相反，他对勃朗峰更加着迷，想要征服勃朗峰的愿望也越来越强烈。他在自己的著作中这样写道："从每个角度看来，它（勃朗峰）总是呈圆形的姿态，望着山顶，心中充满了爬上去的欲望。"尽管当时还没有"登山家"这个名称，但事实上，年轻的科学家索修尔已经是一个名副其实的登山家了。

由于找不到一个向导，不管索修尔怎样努力，依旧无法找到上山的途径。

索修尔只得继续他对阿尔卑斯山脉的研究工作。但是，他的内心却一直涌动着攀登勃朗峰的巨大冲动。正在这走投无路的时候，索修尔脑海里忽然出现了一条妙计："重赏之下，必有勇夫。"用重金悬赏一定能找到知道攀登途径的人。

1760 年 5 月，索修尔在夏摩尼村口贴了一张告示："谁要是能登上勃朗峰，或找到登顶的道路，将以重金奖赏。"赏金自然是起作用的，在以后的整整 15 年中，许多敢于豁出生命来换取富裕生活的人不断汇聚到索修尔的身旁。他们当中，有毫无登山经验的生手，也不乏如羚羊般灵活的登山行家。但是，不管是生手或者行家，在登勃朗峰的冒险中，全都无一例外地遭到了失败，而且，谁也没有找到失败的原因。

当时，即使是一些登山行家，也并不能真正掌握登山的技术，并不知道勘察周围地形等事先准备工作的重要性。他们仅了解大山较低处的地理环境，而雪线以上的那部分山峰，对他们来讲，完全是一个陌生的世界。所以，当那些为赏金而来的健壮伙计们一个又一个灰溜溜地离去的时候，他们都只是怪自己的运气不好。

日月如梭，整整 26 年过去了，索修尔心急如焚，而勃朗峰依旧如故，在阳光下熠熠生辉。

勃朗峰，看似温柔平静，但它具有典型的山峰性格：神秘，任性，反复无常，有时甚至非常暴虐！柔和的线条与纯洁的色彩，并不能证明它就具有淑女般的柔顺。这里的雪线以上到处是厚厚的冰壁，在巨大的锯齿形冰川那冻结的冰面上，布满了噬人的裂缝。许多裂缝还覆盖着薄薄的一层雪作伪装，人们若想通过冰川，每一步都有跌入裂缝的危险。还有随时都会发生的可怕的雪崩，会让成百上千吨重的雪块与冰块以雷霆万钧之势倾泻下来，便在瞬间掩埋掉整个一侧山腰。最厉害的恐怕还要数断崖冰崩，大块的如一面极高极大的墙壁般的冰墙四散崩裂，似乎可以震倒整座山峰。从勃朗峰恶劣的自然环境这个角度来看，说峰顶上有恶魔其实并不算过分。

但是，也正因为勃朗峰是如此的残忍、如此的恐怖，才会有令人无法抗拒的魅力。1786 年，索修尔的赏金终于为勃朗峰招来了两位真正的挑战者，他们是巴卡罗和巴尔马特。这一次挑战勃朗峰，是登山历史上第一次成功的登顶，为以后 200 多年的登山运动提供了一个成功的先例。

◎ 征服勃朗峰

在索修尔的那个时代，除了索修尔之外，还有一个人也一直对高耸入云的勃朗峰入迷。他就是年轻的法国医生巴卡罗。

巴卡罗深情地将勃朗峰称为"我的山"。他相信已经有了几千年文明史的人类，一定能战胜勃朗峰的伟大力量。他发誓一定要登上勃朗峰顶。尽管在攀登中已经历了无数次失败，但他的信心从未因此而动摇过。

巴卡罗攀登勃朗峰的目的并不仅仅为了索修尔的奖金，他更看重的是国家的荣誉和自己的事业。他认为第一个征服勃朗峰的人应该是他——法国人巴卡罗。

巴卡罗毅然揭下索修尔的告示，准备向勃朗峰进发。与巴卡罗同行的，是一位在阿尔卑斯山脉山区采掘水晶石的年轻挖矿人，他的名字叫巴尔马特。巴尔马特热情、开朗，尽管有爱吹牛的毛病，但谈吐非常幽默、诙谐。最重要的是，巴尔马特体格健壮得像头公牛，动作又灵活得如同一只猴子。巴尔马特还是个不畏艰难喜欢冒险的人，在勃朗峰斜面的这一带，他的登山技术堪称一流。这一次，巴尔马特因索修尔的重赏的刺激，自愿为巴卡罗作向导。

巴尔马特的加入使巴卡罗高兴万分。有了如此强壮的同伴，他觉得自己因此又增加了几分成功的把握。

1786 年 8 月 6 日，巴卡罗与巴尔马特离开营地踏上了艰难旅程。穿过树林与灌木丛，他们看到了山腰处那些大大小小的裸露的岩石。此处虽然不能让他们俩觉得如履平地，但也并不能使他们感到有多么困难。黄昏时分，他们到达一个岩顶。他们明白，再往上走，就会尝到勃朗峰的厉害了，因为过了眼前这个长长的山脊，就将进入有无数吃人裂缝的冰原。

血红的残阳在他们的脚下慢慢地落下，天空中，只剩下几片斑斓的彩霞。没多久，霞光退去，天地一下子暗淡下来。从山后面回旋过来的风让他们感到了阵阵寒意，疲劳和饥饿，使他们感觉四肢发软，一点继续前进的力气也没了。两人商量了一下，决定在山脊的一块岩石上露营。他们点上一堆火，饱饱地吃了一顿。经验告诉他们俩，今天晚上必须吃好休息好，以便积聚起足够的体力，来应付明天更大的困难。

篝火熊熊，火光映照着星光，在火堆的一旁，两位登山家蜷伏着，却无法入睡。在他们的身边，搁着两根前端削尖的树干——登山杖，在当时，这是他们最重要的登山工具了。

拓展阅读

登山杖

登山杖就是指从事登山运动时使用的辅助器械。登山杖可以让户外登山穿越活动带来很多的好处，如提高步行的稳定性，减轻腿部的负担。根据研究，行走时使用登山杖可以减轻至少22%施予腿部和膝盖等肌肉关节的力量，让腿部感觉更舒服。而同时使用两支登山杖能够提供较好的平衡性。找不到树干时，它还可以用作防水布搭建雨棚的支杆。

第二天清晨一大早，巴卡罗与巴尔马特先后从岩石上站立起来。匆匆地整理行装之后，两人开始了新的攀登。这时，太阳尚未升上山顶，在晨光的映照下，雪峰与冰原放射出诱人的光彩。

美丽的冰原寒气逼人。他们用登山杖敲打着前面的冰层，等到确定了没有暗沟时才小心地跨过去。即便如此，他们还是常常跌倒，有时还差点落进冰窟窿里去。

不久，巴卡罗与巴尔马特被无数条纵横交错的大裂缝挡住了去路，以前那些为赏钱而来的人们，有许多就是在这里知难而退的。然而，巴卡罗和巴尔马特对此早有准备。他们将两根登山杖横架在大裂缝上，搭成一座

"桥"。然后，一个人先用力抓住这座"桥"，另一个人卧在"桥"上慢慢地爬过去。

冰原地带严寒刺骨，他们的双手早已被冻得麻木了。坚硬的千年冰原滑得胜过玻璃，要固定"桥"实在不容易，而"桥"下面则是深不见底的坑洞。巴卡罗和巴尔马特尽管具有超人的胆量，但卧在这样时时滑动的"桥"上，仍不免有些战战兢兢。他们明白，如果稍有闪失，或者正巧刮来一阵大风，他们就会葬身于无底的深渊。然而，巨大的信念在支持着他们，使他们克服胆怯，让他们刚刚脱险又立即去冒第二次险。他们一次次爬行在这样的"桥"上，居然穿越了冰原。

穿越冰原的成功使他们信心倍增。他们俩不顾疲劳，一鼓作气突破了一个叫做古朗米的山脊，来到两个被积雪覆盖的台地跟前。

在进入台地的时候，巴卡罗与巴尔马特万万没有想到会遇到如此大的麻烦：积雪一直深埋到他们的腰部，整个下半身的血液似乎凝结住了，两条腿麻木得不听指挥。随后，他们就感到一股要命的寒气从脚下袭来。这样下去是不行的，巴卡罗与巴尔马特凭着惊人的毅力，指挥着半僵的身体一寸一寸地向前移动。终于，他们挣脱出了这片积雪的台地。

摆脱险境后，他们拼命活动身体，慢慢地感觉到下半身又有了知觉。可是后面的路程更加艰难，他们又遇到了勃朗峰的最后一道屏障——两块名叫罗西艾·鲁久的巨岩。两块巨岩互相交叉，形成斜角很陡的冰面，挡住了通往山顶的路。

他们攀上滑下，再攀上又滑下，足足折腾了 3 个小时。傍晚 18 时 30 分，精疲力竭的巴卡罗与巴尔马特终于征服了这两块巨岩，把整个勃朗峰踏在了脚底下。勃朗峰第一次成为有人的世界。

1 个小时以后，巴卡罗和巴尔马特开始下山。当时，正值满月时分，他们借着月光，一直走到第二天清晨才抵达蒙他纽·多·拉·寇多山脊。他们在山脊上歇了一会儿，便立即赶往夏摩尼。在那里，他们受到索修尔的热情欢迎，并且领到了奖金。

索修尔对巴卡罗与巴尔马特的成功感到由衷的高兴，同时，也更坚定了他亲自去征服勃朗峰的决心。

◎ 向导的谎言

首次成功攀登勃朗峰，跟向导巴尔马特的非凡表现是分不开的。但是，巴尔马特在领到奖金以后，又犯了爱吹牛的毛病。他在各种场合四处宣扬自己的英勇经历，并在人前竭力贬低巴卡罗，他说："没有我，巴卡罗根本就不可能爬上去。从出发时开始，我就一直做开路先锋，巴卡罗是在我的支持下，才勉强爬上峰顶的。"在巴尔马特所描述的登山旅程中，巴卡罗几乎是由他抱上勃朗峰的。

由于当地的人们都知道巴尔马特爱吹牛的特点，所以听过之后哄笑一阵也就算了，真正相信他的话的人并不多。

然而，有一个叫波里的人恰恰在这时候掺和了进来。波里是一名新闻记者。他不但不证实巴尔马特的话缺乏真实依据，反而跟着巴尔马特一起对那次登山经历进行歪曲。

波里这样干有他自己的目的。原来，波里本人也一直想征服勃朗峰，然而，几次尝试统统失败了。正当他懊丧万分的时候，听到了巴卡罗和巴尔马特胜利的消息，这消息让这位记者先生妒忌。波里觉得，与其宣传法国人巴卡罗，还不如宣传向导巴尔马特，因为巴尔马特再荣耀，也不过是一个山村野汉而已。于是，波里写了这样的报道："他们两人的勃朗峰之行，从头至尾，我都以望远镜来观看，的确每一次都是巴尔马特先生走在前头。"波里利用自己的宣传给人们造成了这样一个印象：只要找到一个像巴尔马特这样精于登山的当地向导，随便哪个绅士都是有可能登上勃朗峰的。

巴尔马特的吹嘘加上波里的报道作为旁证，使得巴卡罗有口难辩，人们也因此认定巴尔马特才是真正的英雄，而巴卡罗对那次开创历史的壮举没起什么作用。在夏摩尼的中心，人们只为索修尔和巴尔马特塑了铜像。

就这样，很多年过去了，巴卡罗早已被人遗忘。直到有一天，人们偶然发现已故老男爵坦斯多鲁夫的日记，巴尔马特与波里的谎言才被戳穿。

原来，在巴卡罗与巴尔马特初登勃朗峰的时候，真的有一个人一直在用望远镜观测并在笔记本上描绘下了攀登者身影，这个人就是这位坦斯多鲁夫男爵。

可怜的巴卡罗，在被世界遗忘了100年之后才重新被公认为英雄。同样也作出非凡业绩的巴尔马特，由于用弥天大谎欺骗了世界，从此受到后世人们的指责。

◎ 索修尔组团登顶

在1786～1787年的一年时间里，有关巴卡罗与巴尔马特第一次登顶勃朗峰的争论愈演愈烈。与此同时，索修尔也在一直有条不紊地做着准备工作，他要亲自登上勃朗峰。

尽管洁白的勃朗峰让索修尔尝尽了失败的苦头，但这位勇敢的科学家从没有灰心丧气。虽然这时候的索修尔已有47岁，不那么年轻了，但青年时代萌发的站立于勃朗峰顶俯视整个阿尔卑斯、俯视整个欧洲的梦想，并没有因时光的流逝而放弃或改变过。巴卡罗和巴尔马特的成功，更加坚定了索修尔的信念，他发誓，这一次一定要登上顶峰。

巴卡罗与巴尔马特为索修尔提供了许多登山经验，根据这些经验，索修尔知道携带一根一人多长的登山杖是必不可少的。除此以外，为了防止踩在冰川上脚底打滑，索修尔还亲自设计、特制了一种鞋。这种鞋的鞋底上密密地安上了3排尖利的鞋钉，可以防止人在雪地和冰面上滑倒。这或许是欧洲最早的登山鞋了。

知 识 小 链 接

登山鞋

登山鞋是专门为爬山和旅行而设计制造的鞋子，非常适合户外运动。防水性是现代登山鞋的首要功能。登山鞋的防水透气性是一般运动鞋无法比拟的。

巴卡罗与巴尔马特的成功登顶不仅给索修尔提供了大量的经验，令索修尔没料到的是，大量的本地人也因此改变了对山和登山的看法，有关恶魔与恶龙的神话被打破了。当索修尔再次招募登山随从的时候，竟有18名阿尔卑斯山民跑来报名，愿意充当向导。另外，还有更多的人表示愿意做他的随行人员。在这些人当中，有一个经验丰富的向导名叫卡曼。卡曼个子高大，被人们称做"巨人"。这位"巨人"是个为人诚实、性格坚强的人。

索修尔大喜过望，于是他成立了一支规模空前的登山探险队伍，并准备了一大批器材和物资，打算利用人数众多的优势，对勃朗峰顶进行尽可能细致的观测和研究。

1787 年 8 月 1 日，索修尔率领他那庞大的探险队，踏上了通往勃朗峰峰顶的征途。探险队的每个人都扛着沉重的物资，其中还包括不少的葡萄酒，那是准备登上峰顶庆祝时用的。

这是勃朗峰有史以来最为热闹的一天。人们坚定有力的脚步声，打破了勃朗峰往日的寂静。然而，勃朗峰依旧充满凶险，探险队所搬运的大批物资，更加大了冰面塌陷的可能。索修尔吩咐人们一定要小心，因为他知道，有的冰面甚至连承受一个人的重量都很困难。最难的是跨越裂缝，一个人过去就有些悬，更何况还要运送许多物资过去。

探险队小心翼翼地一点一点地向顶峰靠近。有许多次，面前的险阻几乎让人绝望，还有人提议要扔掉肩上的重负。然而，他们还是凭着顽强的意志闯过去了，他们成功了！不但全部人员登上峰顶，而且还把所有的物资搬到了峰顶。

登顶后欢庆的时候到了。人们兴奋极了，"砰!""砰!"地拔掉了葡萄酒瓶塞子，让甘美的酒液冲去一路的疲劳和艰辛。

站在勃朗峰顶，索修尔回味 27 年来的追求与梦想，不由得百感交集，热泪盈眶。在随后的 4 个小时里，索修尔指挥同伴们架起仪器，进行气压、风速、温度等各项测量和试验。要试验的项目实在太多了，大家干着干着，时间久了都感到呼吸有些困难，因为峰顶上空气太稀薄了。最后，他们不得不带着未完成的遗憾撤退下山。

同年年底，索修尔又组织了一支更庞大的登山队伍，登上了阿尔卑斯山脉的另一座山峰——海拔 3340 米的杰昂峰。他们在峰顶上待了 2 个星期，终于完成了在勃朗峰上未能完成的所有实验。

索修尔的勃朗峰之行震动了整个欧洲，许多国家的书籍中都对他的登山活动有详细的记载。由于索修尔的成功，他对冰川与山的描绘也成为日后山岳调查的依据。从此，全欧洲许多喜爱冒险的人纷纷向阿尔卑斯山进发，攀登阿尔卑斯山的黄金时代到来了。

攀登阿尔卑斯山脉

◎ 登山热潮

人们通常以"阿尔卑斯"这个名称来涵盖欧洲腹地的整座大山，而实际上，它是由好多个山脉支系组成的。索修尔当初悬赏攀登并且最后又亲自去进行冒险的勃朗峰，是彭宁阿尔卑斯山的一座山峰。在彭宁阿尔卑斯山上，还坐落有马特宏峰（约4478米）、威斯荷伦峰（约4505米）、杜富尔峰（约4638米）等著名山峰。在彭宁阿尔卑斯山的北边与西边，还有培鲁尼兹阿尔卑斯山、雷朋登阿尔卑斯山、格拉鲁斯阿尔卑斯山等。

在索修尔的影响下，登山活动渐渐地成了当时欧洲的一项时尚。

1811年，瑞士境内的少女峰（约4166米）被一名叫龙汉美亚的富商所征服。

1829年，两位瑞士向导在培鲁尼兹阿尔卑斯山的最高峰芬斯特荷伦峰（约4274米）首次登顶。

德国科学家爱多瓦鲁多·提索鲁登上了罗连荷伦峰（约3690米）。

英国的斯坦普佛·朗佛鲁蒙则第一个爬上了米特鲁普伦峰（约3708米）。

阿尔卑斯山脉迎来了攀登的"黄金时代"。

登山的惊险和刺激，不仅吸引着男子汉们的目光，甚至连女性也开始为之向往。1838年，法国的一位侯爵夫人安娜多·坦裘比露不满足于阅读报上有关登山的惊险描写，便动身来到阿尔卑斯山脉间，居然成功地登上了勃朗峰。几年以后，这里又出现了一位著名的女登山家，人们称她为"金发的欧布里夫人"。她不但登上了勃朗峰顶，而且还在一天当中来回2次。只因为她在归途中把裙子遗忘在山顶了，而当时的高级旅社是不接待长裤外面不罩裙子的妇女的，她只好返回山顶去取裙子。

　　登山的热潮不仅席卷了阿尔卑斯山脉所伸展到的国家，也开始影响一些没有高山的国家里的人们，譬如英国人。

◎ 英国的登山时尚

　　在 19 世纪的上半叶，有一名叫弗比斯的英国科学家活跃在欧洲腹地的登山界中。1841 年，他成功地登上少女峰，接着，又于 1842 年征服了休多荷伦峰。弗比斯每登一座山，都要携带许多诸如气压计、温度计、偏光器、湿度计、测高计、经线仪这样的科研器材，用以测量地势与气象。他的这些研究不仅对科学的发展有很大贡献，而且也加深了人们对山的了解。

　　当时的英国，正处于维多利亚女王执政的时代，浪漫主义的文学与绘画对人们影响很大，这其中就有许多描写山的作品。浪漫抒情的描写，使得当时的人们常常处于对山的神往和遐思之中。

　　英国人史密斯还在少年时代的时候，就看了《夏摩尼的农夫们》一书，还是孩童的他从那时起就开始对遥远的勃朗峰萌生出无限向往。后来他有幸去了法国，当他亲眼见到勃朗峰之后，激动得热血沸腾。史密斯觉得：如果能参加一支登山队，即便是让他当搬运工人，也是他人生中的一大幸事。几经周折，史密斯来到了夏摩尼。由于当时他孤身一人，无法作登山之行，只好抱憾而归。但是，他并没有就此打消登勃朗峰的念头。10 多年以后，史密斯重游夏摩尼，同行人中还有一位富有的英国绅士。这位年轻的绅士原计划只是去度假旅游的，当他与史密斯交往之后，也对勃朗峰发生了兴趣，于是决定和史密斯一同去征服勃朗峰。年轻的绅士还慷慨许诺，在登山的日子里，由他给史密斯一份薪水。

　　尽管当时的勃朗峰已经被许多人征服过，但对于英国人来说，这还是第一次。为此，史密斯与年轻的绅士都为这次行动激动不已。当然，他们也知道，勃朗峰依旧潜伏着危险，1820 年的一场大雪崩，就使 3 名优秀的登山家葬身。所以，史密斯对天气特别留心，坚持要等天晴再出发。

　　年轻的绅士出手阔绰，竟然一下子雇用了 36 名向导和搬运工。但是史密斯和那位绅士对登山却完全外行，甚至在出发以后，他们俩对登山绳的结法都还不熟练。幸运的是，启程后一直是好天气，加上有许多经验丰富的向导和搬运工，使他们得以安全通过很多危险地段，顺利地登上了顶峰。

广角镜

西方绅士

在中世纪英国，"gentry"（绅士阶层）是一个社会阶层，社会地位仅次于贵族。此阶层的男性成人当时称为"gentleman"（绅士）。"绅士"源于 17 世纪中叶的西欧，由充满侠气与英雄气概的"骑士"发展而来。绅士倡导传统文化与自我存在的价值观，追求品味与人性化的生活方式。他代表着西方社会经济发展的一种新的社会思潮，是中上层阶层男士所追求的一种社会风尚。考究的着装，文雅的举止，尊重女性，尊重人格，对传统文化的继承与发扬，对生活质量的追求与建造。彰显男人的刚毅、坚韧、含蓄、深沉与宽宏大量的人格之美。

史密斯回到英国后，急切地想把登上勃朗峰的喜悦告诉自己的同胞。他在伦敦的比卡提里街旁，利用公共集会场所向公众作题为"登勃朗峰"的演讲，并且绘制了一张很大的图片，把登山途中发生的大小事情和危险、恐怖的场面都一一详细地描绘在图上。他还向大家介绍了法国人、瑞士人对于登山运动的那种狂热。史密斯的演讲，极大地提高了英国人对登山的兴趣。

给英国人加入登山热潮以更直接、更强烈推动力的是威尔斯爵士。在此之前的登山，不外乎是为科学、冒险或者是一些浪漫的目的和感受，而威尔斯爵士则用生动的文笔，将这些情绪的变化及主观的体验活生生地写了出来。因此，在他成功地登上维特荷伦峰之后，回到英国受到了人们英雄式的欢迎。

从现在来看，要攀登海拔 3703 米的维特荷伦峰并无多大的困难，但是，当时的威尔斯爵士的书中却有着从山脚到山顶一环套一环的扣人心弦的紧张刺激的经历。他在书中这样写道："……即将到达山脊顶部，最后一步将踏未踏时……左肩稍微碰触了冰壁的龟裂口。右边适才踏过的冰河，不见尽头地直延下方，我踏上这最后一步，就这一步，终于使我踏上了维特荷伦峰的顶端。也就是在那一刹那，山顶的整个景观呈现在我眼前，一种笔墨所无法形容的感觉，突然袭上心头，我忘了自己的处境，我的心神均为之抖动不止。造物主所创造的瑰丽奇景，深深地打动了我的心，我无法抑制自己的冲动。我的身子仿佛不在地上，也不在天上，飘飘的，我在羽化登仙的境界里……"

威尔斯爵士这本题为《遥远的阿尔卑斯山高地》的书，触动了许许多多年轻人的心，获得了好评。书中所宣示的是一种无畏的牺牲，是自我的最高锻炼，但并非是以生命与危险开玩笑。这需要无比的勇气，也会让人得到至高无上的荣誉和满足。

威尔斯爵士的书出版以后，英国参加登山的人一时大增。他们纷纷涌向法国，涌向瑞士，涌向阿尔卑斯山脉。后来居上的英伦三岛，其人民对登山热潮的响应一时成为一种社会性的时髦，参加登山运动，不断创造新纪录，被看作是一种男人们获得荣誉的手段。

◎ 英国山岳协会——世界上第一个登山组织

威尔斯爵士的书风靡了全英国，激起了英国人狂热的登山热情。在当时欧洲登山家中，英国人占据了极大的比例。1854～1865年，这短短的12年里，西欧所有的山峰，尤其是属于阿尔卑斯山脉的群峰，几乎都被人征服过了。再想寻找一座处女峰，已不是一件容易办到的事。

这些登山活动，都是登山家们自发的活动，并没有人在幕后策划和指挥。他们在登山的过程中，领略了刺激和惊险，感受到与自然抗衡的巨大满足。

来自英国的登山家们，在攀登活动中表现出了超人的勇气和出众的决断力。他们对登山的热情，令国内外人们赞叹不已。登山活动已成为英国人的一项重要运动，甚至成为许多登山家的人生目的。

英国登山家们不断尝试攀登难度更大的山，登山技术也日益提高。他们不但有了独特的登山方式、专门用语和联络方式等，而且非常注重装备的更新。这些特色使得登山运动在英国渐渐地变成了竞技体育的内容，从而使登山变得更刺激、更具有竞争性。这些英国式的东西逐步推广到了别国以后，为世界登山界所普遍采用。

1857年，英国伦敦已成为一个登山家会聚的中心。于是，这一年，登山家们在伦敦汇集到一起，成立了世界上第一个登山组织——山岳协会。

成立山岳协会的初衷原是为了联络同行，使登山家们能相互交流登山经验和心得体会。人们没有料到的是，山岳协会很快得到了全社会的承认，成为有广泛群众基础的一个社会团体。山岳协会在处理各种具体登山事务，解决纠纷，保持纪录，尝试新的登山用具，承认和确立新的登山成绩，规划新的登山线路，提供登山气象服务等方面发挥出越来越大的职能，实际上已经确立了它在登山界的组织领导地位。山岳协会还定期出版登山杂志，刊登登山的消息，发表登山家的登山经验和体会。

英国山岳协会成立 5 年后，1862 年，奥地利登山家们也成立了一个与山岳协会性质相同的俱乐部。1863 年，索修尔的祖国瑞士也成立了山岳协会。以后，各国的山岳协会纷纷创办起来，登山从此成为一项有组织的人类竞技活动。

登山者们纷纷加入山岳协会。他们志同道合，互相激励，互相促进，创造出越来越多的好成绩。因此，在这一时期产生了许多著名的登山家，其中成绩最为突出的是英国登山家泰德兹。泰德兹既是登山家，又是业余科学家。1856～1874 年，他一共攀登上 160 座高峰，涉足的山有 370 座。此外，还有约翰·廷德尔，他在 1861 年竟独自一人登上了海拔 4505 米的威斯荷伦峰和海拔 4638 米的杜富尔峰。

值得一提的还有史蒂芬爵士。史蒂芬爵士是个典型的英国多面手。他既是哲学家、科学家、作家，又是一位杰出的登山家。他一生征服的众多山峰中，有著名的几纳鲁罗荷伦峰、休雷克荷伦峰、比奇荷伦峰和蒙马雷峰等。他所著的《漫游欧洲》一书不但在当时的登山界产生了巨大影响，而且至今仍然受到读者的欢迎。史蒂芬爵士是英国山岳协会的发起人与创办者之一。他的社会地位与学者身份，使他成为英国登山家中的杰出代表。

马特宏峰惨剧

海拔 4478 米的马特宏峰坐落在瑞士与意大利交界处的彭宁阿尔卑斯山。尽管它不是阿尔卑斯山的最高峰，但那陡峭的山面和山顶上伸出的锋利的山脊线，却给人以比勃朗峰更不易亲近的印象。在 19 世纪中叶，整个阿尔卑斯山脉中未被攀登过的处女峰已所剩无几。马特宏峰离登山家会聚的杰鲁马多村不远，自然而然地引起众多冒险者的注意。

1865 年的夏季，英国和意大利的两支登山队为争夺初登顶峰的荣誉，在马特宏峰展开了异常激烈的竞争。两批登山人员在同一天里成功地到达了顶峰，但是，归途时却发生了震惊世界的惨剧。此事在登山界引起强烈反响，它甚至造成阿尔卑斯登山黄金时代的一度中断。

◎ 生死与共的好友

马特宏峰

1863 年的夏天，温巴与卡烈尔曾经共同攀登马特宏峰。那次努力不但没有成功，而且他们在半山腰上还度过了一个恐怖的日子，险些丧命。

出发之初，温巴与卡烈尔像小孩子一样蹦蹦跳跳地叫着喊着开始上山。他们顺利地到达第二营地，登上烟囱状的铁黑色岩沟。一路上，他们饱览了许多让人留恋的景色，很快雪线出现在他们的前面。就在这时，天气骤变，令人窒息的寒风不知从何处猛刮过来，温巴和卡烈尔不得不停止前进。

马特宏峰大发淫威，它在一个极小的瞬间里爆发出令人惊骇的力量，它要给这两位冒犯它的登山家以致命的打击……

莫名其妙的寒风过后，是一阵短暂的寂静。接着，更强烈的冷空气卷土重来。寒风从四面八方撕扯着温巴和卡烈尔，山顶、断崖、岩缝，到处都是狂风肆虐。温巴与卡烈尔发现，上山和下山的路都已让浓雾掩盖得看不见了。

拓展阅读

冷空气

冷空气和暖空气是从气温水平方向上的差别来定义的。即位于低温区的空气称为冷空气。多数在极地与西伯利亚高原上形成，其范围纵横长达数千千米，厚度达几千米到几十千米。冷空气过境会带来雨、雪等，使温度陡然下降。每次冷空气入侵的强度不一样，有强有弱，降温幅度有大有小。

强劲的风拖着长长的尖啸在四周盘旋。温巴和卡烈尔紧贴在岩壁上战栗着，身子一次又一次地在空中荡起。若不是一条登山索把他们俩紧紧地连接在一起，他们早已先后落入万丈深渊了。这时候，可以说温巴与卡烈尔是轮流着背负同伴的生命的。

紧接着，暴雨跟着狂风铺天盖地地席卷过来，无数道闪电撞击在他们头顶突出的山梁上又磕碰到了他们脚下的断崖，而他们连躲进岩缝的时间都没有。巨大的落石被雷声推动着，瀑布般地倾泻而下。温巴与卡烈尔互相提醒着，一次次避开了滚石的袭击。

"怎么办？"温巴问卡烈尔。

"想办法退回到我们去年所建的基地去。"卡烈尔说，"天气变了，我们身上的东西又太多，如果继续攀登，不被滚石砸死，也要被冻死的！"

冒着暴风雨，他们一路躲闪着滚石，终于撤退到了为登顶而准备的基地。

温巴与卡烈尔支起了帐篷。他们偎依在一起，蜷缩在这不堪一击的帐篷里，忧心忡忡地听着由雷声、雨声、风声与电光组合而成的交响曲。狂风和暴雨似乎随时都可能把他们连人带帐篷一起掀到山脚下面去……

关于这次历险，温巴在他的《阿尔卑斯山攀登记》一书中作过详细的描述。温巴一直认为，经过这一次的生死考验，他与卡烈尔之间已经有了一种默契，他们的友谊是牢不可破的。卡烈尔与温巴曾经定下一个契约：马特宏峰是我们的，让我们共同征服它！所以，当温巴准备再次攀登马特宏峰的时候，他没有忘记向卡烈尔发出邀请，这时的温巴已是一个有 4 年多登山经验的老登山家了。

◎ 为了祖国而竞争

在温巴 20 岁时，凭借祖传的版画绝技，他接手了为英国山岳协会主办的季刊《峰、岳、冰河》插图的工作。通过这项工作，他认识了伊格峰和蒙克山。而马特宏峰，则是他一生最为难忘的山。温巴认为，山的魅力，远远不止于它那雄伟的外表，更主要的是来自实际攀登中的乐趣。

温巴热爱马特宏峰，也正是在对马特宏峰的挑战中，开始了他的登山生涯。

马特宏峰具有刺破云天的恢宏气势，使得同时代的许多登山者望而生畏。当时的欧洲登山界盛传着"马特宏峰不可战胜"的神话，所以，温巴在发出邀请后，天天焦急地等待着卡烈尔的到来。他渴望这位朋友能像当初约定好的那样与自己并肩前进，共同成为首次打破"马特宏峰神话"的英雄。

然而，这一回卡烈尔却很不够朋友。他一方面接受了温巴的邀请，另一方面撇开温巴，着手组建了一支完全由他的意大利同胞参加的登山队。卡烈尔认为，祖国的荣誉胜于朋友的情谊，征服马特宏峰的巨大的荣誉，应该属于意大利，属于伟大的凯撒大帝的子孙们。

意大利登山界给了卡烈尔最为有力的支援。他们为卡烈尔配齐了最棒的登山队员，提供了全部崭新的登山装备。

卡烈尔的背约对温巴打击很大，因为卡烈尔比他更了解马特宏峰，意大利人成功的希望因此也比他大得多。

更使温巴懊恼的是，原先一直与温巴结伴的里克·美内，也因临时有事不能同行了。里克·美内是当时欧洲最著名的向导之一，少了他，温巴一下子又多了不少的困难。

广角镜

凯撒大帝

凯撒大帝，罗马共和国（今地中海沿岸等地区）末期杰出的军事统帅、政治家。公元前 49 年，他率军占领罗马，打败庞贝，集大权于一身，实行独裁统治。制定了《儒略历》。公元前 44 年，凯撒遭以布鲁图所领导的元老院成员暗杀身亡，享年 58 岁。凯撒死后，屋大维击败安东尼开创罗马帝国并成为第一位帝国皇帝。

转眼到了夏季，由卡烈尔率领的意大利登山队已经开始适应性训练，而温巴的登山队却尚未组成。眼看征服马特宏峰的荣耀要被意大利人抢去了，温巴却只能独自待在杰鲁马多村的木房子里，一边仰望白雪皑皑的山峰，一边一支接一支地抽他的英国雪茄。

从 1861 年到这一刻，温巴先后 7 次向马特宏峰冲击未果。而现在，意大利人唱着笑着，他们已经准备好美酒正等着到马特宏峰上去开欢庆会呢。"马特宏！马特宏！"温巴默默地呼唤着他钟情的山峰的名字，不由得心急如焚……

◎ 英国人赢了

命运就是这样会捉弄人。就在温巴几乎陷入绝望的时刻，原来拒绝过温巴邀请的著名向导克罗兹又回到了他的身旁。与克罗兹同来的，还有著名向导陶克瓦鲁达父子、登山家哈得松和道格拉斯爵士，他们都是些赫赫有名的登山行家。

哈得松还向温巴推荐了一位19岁的年轻人，他的名字叫哈德。年轻的哈德虽然从未参加过登山，但小伙子身体壮实，对攀登马特宏峰显得劲头十足。

温巴欣喜若狂，高兴得手舞足蹈：上帝啊，我几乎是在一天之内便有了这支第一流的登山队！

兴奋之余，温巴开始冷静地分析攀登马特宏峰的困难。他对哈得松说："谢谢你，哈得松，是你给我带来了希望，但哈德是个外行，他会给我们添麻烦的。"

"可他是个好小伙子。"哈得松说。

"只是这个好小伙子没有登过山。"

"对于接近马特宏峰来说，大家都是第一次。温巴，老伙计，求你开恩给这小伙子一个建功立业的机会吧。他已经是个大人了，我求你了！"

温巴无法说服这位固执的同伴，只好耸耸肩同意哈德加入。让温巴万万没有想到的是，他的这次让步竟导致了后来发生的可怕的事件。

此时，温巴关注更多的是登山的日程和路线以及意大利人的进展消息，他觉得所剩的时间已经不多了。如果说，在这以前，温巴是把登山当作自己不可缺少的生命活动，那么，到了现在，温巴则完全是准备为英国的荣誉而战了。

"来吧，卡烈尔！都来吧，强大的意大利人！你们将被英国勇士远远甩在后边，你们在马特宏峰上看到的将是我们的背影！"在杰鲁马多村，温巴面对马特宏峰的方向，挥舞起他肌肉饱绽的胳膊。

1865年7月13日清晨，这一天天气晴朗，风势也很和缓。

"13"，这在欧洲人心中是个不吉利的日子，但"大战"在即，无论是温巴还是卡烈尔都已顾不上这许多了。

两支登山队不约而同地选中了这个日子，而且几乎是同时出发的。温巴觉得这次的攀登气氛紧张得很不一般，简直就是一场战斗，一场英国人与意大利人争夺制高点的激烈战斗。

温巴的登山队马不停蹄地向前进发，而且进展得相当顺利。队员们个个精神饱满，他们一边攀登，一边还把想得起来的歌曲唱了个够。即使是在攀越绝壁的时候，7 个人也都像羚羊一般地灵活，就连头一回登山的哈德也表现得挺好。当天晚上，温巴一行在 900 米高的山崖处宿营。

营地被浓厚的雾气包围着，凉风推动着白色的雾团飞快地流动，使这 7 位勇士仿佛置身于海的细浪之中。哈德、哈得松、小陶克瓦鲁达不由得放开嗓子唱起歌来，尔后，其他 4 个人也跟着高唱起来。英国歌曲与阿尔卑斯山区民歌交替在山崖上回荡，他们每个人都感到心中充满着幸福的激流。

趣味点击　　羚羊

草食动物，牛科中的一个类群。种类繁多，体型优美、轻捷，四肢细长，蹄小而尖，机警。有的种雌、雄均有角，有的种仅雄的有角。尾长短不一。身高 60～90 厘米，经常 5～10 只成群，有的一群可多达数百只。一般生活在草原、旷野或沙漠，有的栖息于山区地带。

雾团消散时，留着两撇神气八字胡的向导克罗兹缓缓地站起身来。"伙计们，"克罗兹说，"我去探探明天的路，听说东边的石梁很是麻烦，我先去看看。"

2 个小时之后，气喘吁吁地克罗兹回来了。他高兴地告诉众人说："从这里开始，一直到顶上，没有我们过不去的地方。"

大家听了，情绪更是高昂。

"那么，意大利人在哪里？在我们的上边吗？"温巴关心地问道，他是决不会忘记卡烈尔的。

克罗兹摇摇头，说他连意大利人的影子都没见着。

　　温巴不知道卡烈尔带领的意大利登山队现在到了哪里，心里隐隐地担心。他让大家抓紧时机休息，明天必须比计划提前些出发。

　　第二天，东方刚刚发白，温巴和他的队员们就启程了。当他们翻过两处绝壁之后，太阳才一点一点地从脚下的谷底慢慢地升起。

　　几个小时之后，温巴和克罗兹已经到达了通向山顶的最后一个山梁。眼看就要把整座马特宏峰踏在脚底下了，温巴的心中仍然是喜忧参半。"卡烈尔这家伙，灵巧得像只亚平宁老山羊，他会不会已经抢先登上峰顶了吧？"温巴嘀咕道。

　　"不会的，绝不会的。愚蠢的意大利人犯了个错误，他们的装备太沉重了，就像蜗牛背着硬壳那样，怎么爬得动呢？"克罗兹嘴上安慰温巴，可心底里也不免有些疑虑。

　　温巴和克罗兹解开登山索，7个人在鹤嘴锄和登山杖的支撑下，加快了向上的速度。

　　"加油啊，伙计们，这是最后的竞争了，可别让岩石后面突然冒出来的意大利人抢到前头！"克罗兹喊着。

　　"加油，使把劲呀！哈德，小心你的脚底。我早说过，你的鞋不对劲，后跟上的铁皮太光滑了。"

　　"放心，克罗兹。你脚底下同样也是冰原呀。管住你自己吧，哈德这小伙子，能干着呢！"哈得松一边照顾着哈德，一边向上喊道。

　　他们又经过几十米的斜坡，终于踏上了马特宏的顶峰！

　　但是，温巴此时依然不放心，他让众人分头察看雪地，看看意大利人是否已经在雪地上留下了脚印。温巴自己也像只猎犬似地四处察看着。突然，他眼睛的余光发现几百米以下的一条雪溪边，有一队很小很小的人影在晃动。"哇！"温巴激动得浑身颤抖，他高声叫喊起来："意大利人，意大利人还在下边！"

　　温巴随手抓起一把细石块扔向山下："喂，卡烈尔，老伙计，老山羊！别忙乎了，我，你的对手温巴早已经登顶了！"

　　"噢！马特宏，马特宏，我们可真爱你啊！"温巴和同伴们欢呼着、跳跃着，一起把英国国旗牢牢地插在了山顶的雪地里。

◎ 马特宏峰惨剧

在最初的狂喜过去之后，温巴和他的登山队员们都感到了极度的疲倦。道格拉斯爵士说："我的身体疲倦的现在就像一滩泥。"他们一个个歪下身子，倒在峰顶冰冷的岩面上。

山顶的空气稀薄，温巴觉得自己的呼吸十分地急促，但他想到4年来的愿望终于实现，特别是战胜了对手卡烈尔时，兴奋的心情依旧平静不下来。

他们在峰顶休息了近1个小时，还是不想站起身来。这时，老陶克瓦鲁达慢慢地起身对大家说："这样不行，小伙子们，不能总趴在这里！该下山了，要不，我们就只能永远待在这里等上帝显灵了！"

> **广角镜**
>
> **爵　士**
>
> 爵士是欧洲君主国的一种爵位，是指在战场上立过功劳等，因而得到国王赏赐田地的人。该爵位不世袭，不属于贵族。

大伙儿不情愿地哼哼答应着，陆续站起身来。草草地整理了行装，开始下山。下山的时候，克罗兹走在最前面，然后依次是哈德、哈得松、道格拉斯爵士、老陶克瓦鲁达、小陶克瓦鲁达，最后面的是温巴。他们把自己的腰部系在同一条登山索上。

渐渐的，一行人来到了一块突兀的巨岩上边。这块巨岩与地面几乎成90°角，就像一面巨大的覆盖着冰雪的墙。克罗兹小心翼翼地向巨岩下探索着，同时，还负责照顾哈德。他在冰面上敲出一个个小坑来，给哈德做落脚点。

这时已经是下午3点时分，西斜的阳光照在冰雪上，反射出一片耀眼的光芒。突然，哈德脚下一滑，整个身子猛地凌空荡起。就在同时，克罗兹的身体也失去了平衡，离开了岩壁。紧跟着，哈得松与道格拉斯爵士感到腰间一紧，身体也悬到了空中。

四个人的分量通过登山索都勒在老陶克瓦鲁达的腰上，让他感到自己快被切成两半了。他并没明白发生了什么事，只是本能地挺直了身体。幸运的是，老陶克瓦鲁达这时还没有下岩，他的双脚仍站在巨岩的顶上。

小陶克瓦鲁达和温巴明白过来了，他们一起上前用力拉绳子，他们知道，现在这条绳子正承担着岩下4个人的生命。

可是，绳子却轻飘飘地，掂不出半点分量来——它已经断了。绳子在老陶克瓦鲁达与道格拉斯爵士之间维系了不到1秒钟，就绷断了……

山谷间回荡着克罗兹、哈德、哈得松、道格拉斯爵士四人绝望的叫喊和一阵滚石下落的声音……几秒钟后，一切又归于宁静。

温巴与陶克瓦鲁达父子惊呆了。他们实在无法接受眼前的现实：他们的同伴，4个刚才还生龙活虎的同伴，这时已命赴黄泉了。太可怕了，真是太可怕了！

温巴等3人紧紧地靠着岩壁，愣愣地听着那几百米的深谷里传来的声音，巨大的悲哀使他们在整整半个小时内都一动不动，仿佛置身于一个噩梦之中……

◎ 登山热潮的终结

马特宏峰惨剧震动了当时的世界，社会舆论纷纷对登山运动提出尖锐的批评与责难。英国维多利亚女王也下令进行调查，目的是看看能否寻找到法律的依据来禁止登山活动。然而，惨剧的本身却引起世人对登山的关注，有些人因此对登山运动更添兴趣。

这次悲惨的事件该由谁来负责呢？登山界和司法界都进行了细致的追查，但追究的结果却没有下文，只能不了了之。社会上传言四起，不少传言对老陶克瓦鲁达不利，有的说是老陶克瓦鲁达为了避免自己和儿子遭不测，用刀子切断了登山索。许多人因此都认为老陶克瓦鲁达是杀人犯，是他"杀死"了底下的4个人。但事实上，老陶克瓦鲁达是位很有经验的向导，他在面临这种突发事件时，绝不会割断绳子。况且，绷紧的绳子不可能在1秒钟之内被切断。

问题出在哈德身上。哈德是个新手，没有登山经验，他所穿的那双鞋则是个祸根。哈德的鞋子看起来薄薄的，鞋底上还钉有很滑的薄铁片。有经验的登山家们指出，这双鞋根本不适合于登山。再看看那条断裂的登山索，它实在太细太旧了。与哈德的鞋一样，这条绳索也是个隐患，用它来作主要的登山索去承担几个人的体重，实在是太冒险了。

两位向导克罗兹和老陶克瓦鲁达的错误，是在下山前忽视了对装备的检验。当然，这也是作为领队的温巴的一个重大错误。

当时在英国，人们并没认为温巴有错，而把矛头指向老陶克瓦鲁达。舆论的压力，使得他很难再在欧洲的登山界干下去，他只得从此离开自己深深爱恋着的阿尔卑斯山脉。后来，老陶克瓦鲁达去了格林纳达和北美洲的阿拉斯加等地方，并在那里的寂静处度过了他的余生。

攀登阿尔卑斯山脉的黄金时代随着马特宏峰惨剧而落幕，但是，登山热的退潮，并不完全是因为那次震惊世界的惨剧，更主要原因是当时 90% 以上的阿尔卑斯山峰，已被攀登过了，处女峰所剩无几。"首登山顶"的机会越来越少，登山的刺激和荣耀也随之变小了。

以后的几十年里，各国的观光客接踵而来，阿尔卑斯山又形成了一种特殊的"休闲登山"热潮。这种"休闲登山"并不限于攀登困难的山峰，更多的是找容易攀爬的地方上去，看一看那些造就许多知名登山家的高峰。

在此同时，一直由英国人领导的登山界发生了变化。在瑞士、法国、德国、奥地利、意大利等国，许多优秀的登山家相继出现，使世界登山运动展现出群雄并起的局面。

就在阿尔卑斯登山的黄金时代落幕后不久，远在大西洋彼岸的美国人掀起了自己的登山热潮。他们兴冲冲地来到欧洲。

在这些美国人中，知名度最高的是当时年龄只有 14 岁的少年克力基和他的伯母玛鲁克里多。他们由简单的徒步旅行开始，逐渐迈向正式的登山。几年以后，他们开始向凶险的高峰挑战。玛鲁克里多一直与克力基一起活跃于山间，她还是世界上第一位征服马特宏峰的女性。而克力基的一生中，至少攀登了 600 座以上的高峰。后来，克力基被英国山岳协会推选为名誉会员。这是一项殊荣，在英国登山界也是破例的事。

到了 19 世纪末，阿尔卑斯山脉一带许多登山英雄开辟的攀登路线，慢慢地变成普通路线了。马特宏峰惨剧渐渐为人们所遗忘，马特宏峰本身，也已经成为普通登山爱好者训练技能的地方。

对于一些想创造奇迹的登山家来说，那些旧的路线已无法再让他们满足了。于是，他们中有的开始去世界各地寻找更高的处女峰，有的则在被攀登过的山峰上开辟新的困难更大的路线。这样，登山本身的含义大大地增加，可供征服的，已不仅仅是高度了。

▶ 从 "首次登顶" 到 "新路线登顶"

◎再上勃朗峰

人们往往有这样的一种观念：如果不是初次征服，那么，成功者的价值会大大地减小。登山家们认为如果他们的业绩不能超过前人，就不能产生新鲜感和刺激性，就会感到极端不满足。

那么，是不是被征服过的山峰就不再有价值了呢？有部分登山家们为了解决这个问题，提出开拓新路线的观念。开拓新路线，就是增加登山过程中的难度，使攀登被征服过的山峰的活动重新获得刺激和魅力。事实上，开拓新路线的做法，使得登山运动有了更丰富的内涵。

1865 年，就在马特宏峰发生惨剧的当年，英国登山家穆尔开始尝试开发新的登山路线。

穆尔从 19 岁开始，便经常攀登阿尔卑斯山脉。到了他 24 岁那一年，阿尔卑斯群峰几乎到处都留下了前辈登山家们的脚印。为了建功立业，穆尔毅然开始选择前人不敢走的攀登路线。

拓展阅读

冰 河

冰河即冰川，指极地或高山地区由积雪变质而成沿着地面自行流动的冰体。它是陆地上重要的水体之一。

穆尔的第一个目标是勃朗峰，因为那里是登山运动开始的地方。他放弃了巴卡罗与索修尔开辟的旧路线，选择了从被人们称为天险的布连瓦那侧边的冰梁向上攀登。穆尔成功了，他顺利地登上了勃朗峰顶。

　　12 年以后，又有一位名叫艾克尔斯的登山家超越了穆尔的成绩。艾克尔斯的路线选在更危险的勃朗峰南壁。他不但登上顶峰，而且在攀登过程中，还征服了著名的布里亚冰河与弗雷内冰河。

　　在"新路线派"登山家中，名气最大的要数英国人姆马里了。在长期的登山活动中，姆马里以高超的技术和坚韧的毅力，不断开拓阿尔卑斯山脉地区的新登山路线。其中有影响的是：1879 年，他从兹姆多山脊攀上了马特宏峰；1881 年，他突破了危险的正北山脊，登上古雷朋山。他还是第一位不用向导的登山家。姆马里的登山风格，对阿尔卑斯登山的黄金时代以后的登山运动产生了重大的影响。

基本小知识

山 脊

　　山脊是由两个坡向相反、坡度不一的斜坡相遇组合而成条形脊状延伸的凸形地貌形态。山脊最高点的连线叫作山脊线。山峰之间连成一条长线，好像动物的脊骨有一条突出的线条，故名山脊线。

　　"新路线派"的最大冒险是 1878 年的攀登古朗·多留山。当时，登山家克林顿·丹特选择了一条极其危险的路线。经过先后 18 次的冲击，他终于征服了古朗·多留山那被视作"绝对禁区"的岩壁。

◎登山装备的革命

　　1870 年以前，尽管许多登山家们已具备了丰富而纯熟的登山经验，但在实际的攀登过程中，阿尔卑斯登山黄金时代的登山好手们，宁可多花时间去切开冰块，制造落脚点，也要避开有岩壁的路线，因为与其他路线相比，岩壁的危险要大得多。

　　阿尔卑斯登山黄金时代过去 10 年之后，随着登山用具的更新以及"新路线派"奠基者姆马里和丹特的影响，登山家们对登山运动有了全新的认识，也改变了对攀登岩壁的态度。

登山包

为了磨炼意志，提高登山技术，许多登山家到苏格兰、北威尔士等地去寻找新的目标。那些山峰的高度虽然不能与阿尔卑斯山脉相比，但是那些异常险峻的山峰却给登山家们提供了富于变化的登山路线。1870～1880 年，英国的登山家们经常在这些地方的危崖绝壁间活动。他们在训练攀登山梁、岩壁技巧时，创立了一套独特的结绳方法和各种平衡技术。这种攀岩运动很快风行于西欧各国。

经过 10 年的磨炼，许多登山者练就了一套过硬的本领，他们又开始向阿尔卑斯山脉山区进军，而且一次又一次地征服了许多被前辈行家们认为"不可征服"的地段。

"新路线派"登山家们的成就，既得益于 10 年的练兵，也离不开登山装备的改进。

在索修尔和巴卡罗、巴尔马特的时代，登山者使用的只是最简单、最原始的装备。那时的登山工具，只有用木棍削成的登山杖，还有索修尔发明的那种避免在冰上滑倒的铁制的登山鞋具。

在原有的登山工具中，首先被替换的是斧头与登山杖。这时登山者们已经开始使用现在还在用的登山镐了。登山镐是一种 1 米左右的木棒，一端呈尖状，另一端则是平头状的金属包头。在登山的时候，可以将登山镐插入岩缝或冰雪里，与登山索并用作为身体的支持点。登山镐与登山索配合使用，可以把人悬

登山镐

吊在危崖或裂缝里，大大地减少了登山者坠落的可能性。

到了 1900 年，专家们又研制出许多新型的登山用具，其中用途最广的要算岩钉了。

岩钉长约 15 厘米，一端穿有小孔，另一端稍稍尖一些。使用时，可以将岩钉钉入岩壁的细小裂缝里，再用绳索穿过钉上的小孔，做成挂绳的支点。单独使用时，岩钉能作为登山者的立足点。另外，岩钉上还能悬挂被称作"亚布米"的绳梯，这种绳梯可以打成圆形，也可以绑上三节横木，作为天梯使用。

登山者们在使用"亚布米"的绳梯时，先把金属制的环扣挂在岩钉上，再将"亚布米"的绳梯穿过环扣。利用岩钉、环扣，再加上一张可折叠的吊床，甚至可以让登山者吊卧在危耸的岩壁上睡觉呢。

当然，也会遇到连岩钉都无法打入的地方。在这种情形下，登山者们则使用"登山爪"和岩壁螺丝。"登山爪"是绑上绳索的铁刺爪，将它挂在岩壁的突出处，作为支点用。岩壁螺丝则起到固定岩钉的作用。

当尼龙和其他多种人造纤维发明之后，登山家们便有了轻便而牢固的登山索，抗风和保暖的帐篷，以及登山服、睡袋等。

拓展阅读

登山镐

登山用的辅助器械，在极限环境下可以有效地保护使用者的安全。特有的前段预弯设计可以在挥动时将力量集中在镐尖上，利于入冰，适合攀登具有一定技术难度的雪坡和冰坡。手柄位置包裹胶皮，增大摩擦力，手柄末端为尖状结构，利于入雪。

登山爪

尼　龙

聚酰胺纤维俗称尼龙，英文名称 Polyamide（简称 PA），密度 1.15 克每立方厘米，是分子主链上含有多个酰胺基团的热塑性树脂总称。它包括脂肪族 PA，脂肪—芳香族 PA 和芳香族 PA。其中，脂肪族 PA 品种多，产量大，应用广泛，其命名由合成单体具体的碳原子数而定。它是美国著名化学家卡罗瑟斯和他的科研小组发明的。

登山者们从登山用具上得到的好处，随着社会的进步而变得越来越多。

◎ 征服阿尔卑斯山脉三大绝壁

"新路线派"对登山技术的发展和登山工具的改革起到了极大的推动作用。但是，开始的时候，这些年轻的改革者也遭受过许多非议。姆马里、丹特以及他们的追随者，被当时正统的登山界权威人士讥为"岩壁上的表演师"。由于他们在岩壁上凿洞和使用岩钉，还被一些人指责为伤害了山体。

"新路线派"的登山者们没有理会这些流言蜚语，他们全心全意地干着自己喜欢的事情。到了 1930 年，在欧洲未被他们征服的，只剩著名的"阿尔卑斯山脉三大绝壁"了。

"阿尔卑斯山脉三大绝壁"指的是马特宏峰北壁、格兰多侏罗斯峰北壁和艾格峰北壁了。

马特宏峰北壁，绝对高度为 1200 米。它不光是一座直上直下的大岩塔，而且岩壁的质地也异常疏松。从 1865 年开始，它就成为"新路线派"登山者们向往的目标。然而，在整整的 65 年岁月里，它那桀骜不驯的本性，粉碎了所有人想通过它的企图。

1931 年夏天，出生在德国慕尼黑的弗朗茨·舒米特与他的弟弟托尼·舒米特来到马特宏峰北壁，他们下定决心要征服这座一直无人能征服的陡壁。他们从一条冰谷开始攀登，一次一次地躲开冰崩、雪崩、滚石的威胁，胜利地通过了这条路线的危险地段。夜幕降临了，他们把身体用登山绳和岩钉安全地绑扎在笔直的岩壁上，就在这距峰顶 310 米的山壁上，度过了一个寂寞难熬的夜晚。第二天下午 4 时 10 分，舒米特兄弟终于登上了被视为最难攀登的绝壁之一的马特宏峰北壁。舒米特兄弟的英雄事迹轰动了欧洲，一夜之间，他们成了当时登山界两颗耀眼的明星。

基本小知识

冰　崩

　　冰崩指冰川上冰体崩落的现象。造成冰崩的原因很多，如冰川的前进、冰床坡度剧烈增大、遇有陡坎、冰内融水、冰湖溃决以及地震等，由此可引起悬冰川、山顶冰川或山谷冰川末端发生断裂，从而造成冰或冰水俱下、河流堵塞、冰湖溃决、人的生命财产的损害。它是一种灾害性自然现象。

　　舒米特兄弟攀登马特宏峰北壁的胜利，给在"阿尔卑斯山脉三大绝壁"面前屡受挫折的"新路线派"以极大的鼓舞。他们积聚力量，向更危耸、更不易攀登的格兰多侏罗斯峰北壁发起冲击。

　　格兰多侏罗斯峰北壁路线，总长度约 1070 米，其中坡度在 $85° \sim 90°$ 的路段就占总长的 $\frac{1}{3}$，在这些地段里还经常发生雪崩和滚石等险情。

　　1935 年夏天，舒米特兄弟的同乡马丁·麦亚与鲁道夫·贝达同心协力，征服了距攀登路线最近的一个山峰。3 年以后，著名的意大利登山家卡尔特·卡辛和同伴一起沿着北壁路线到达了最高的一个山峰。这样，在整个阿尔卑斯山脉，只剩下被称为"狂人玩具"的艾格峰北壁没有被征服了。

　　艾格峰北壁位于培鲁尼兹阿尔卑斯山艾格峰北侧。艾格峰海拔高

艾格峰

度为 3975 米，如果从其他的登山路线登顶，对大多数登山者来说并没有多少困难。然而，要从它的北壁攀登，许多人认为是绝不可能的。人们称那些敢于在艾格峰北壁攀登的登山者为"志愿自杀的狂人"。

艾格峰北壁，犹如一把钢刀直插山间。不管在哪个季节，它的上面都布满了坚硬光滑的冰，因而看上去又像一面映照天地的大玻璃镜。1938 年以前，艾格峰北壁曾吞噬过 8 位登山者的生命，所以，它以残暴闻名于世。

1936 年的时候，曾经有一支由 4 人组成的登山队来到了艾格峰北壁，他们是因达舒都撒、安克拉、莱纳和库尔兹。他们都是"新路线派"经验丰富的登山者，这一回，他们决定要征服艾格峰北壁。

攀登的头两天，天气很好，登山队进展得非常顺利。他们使用岩钉、环扣等工具来配合手脚的动作，小心地踩着每一个落脚点，慢慢地向上移动。他们的动作准确无误，完全达到原计划的要求。峰顶上不时地落下石头，但都被他们灵巧地躲过去了。为了保持体力，他们还把身体悬在空中稍作休息。

艾格峰北壁

第三天早上，队员们已经完成了大部分的攀登，离顶点只剩 300 米左右了。大家并没有因两天两夜的攀登而感到疲倦，相反，他们个个精神抖擞。莱纳与库尔兹甚至还用锤声来表示庆贺。

山麓下聚集了许多热情的人们，他们用望远镜观看着队员们整个攀登过程。人们时而惊叹，时而欢呼，到了关键时刻，大家几乎止住了呼吸，这时观众的心已与攀登者的心连在了一起……胜利就在眼前，所有的人都这么想。

恰恰就在这时，天气发生了突变。风雪狂吹，雪水成冰。不一会儿，每个队员的身上与整个岩壁一样，都被裹上了一层光滑的冰壳。他们感到自己的身体已像岩石一样僵硬，再待上一会儿，他们肯定会成为艾格峰北壁的一部分了。

实在不可能再向上攀登了，于是，他们 4 个人商量一番，决定慢慢地往下退。但是，已经晚了。这时的岩壁变得更加晶莹光滑，刚刚落过脚的岩钉也让冰给冻住，有的成为稍稍凸出的冰砣，有的则不见了踪影。他们的脚已无法向下伸展，因为再也找不到一可以支撑的地方。大家待在原地，上下不得。

山麓下观望的人们，看到雨雪肆虐，又发觉他们 4 个人停止一切动作，一动也不动，断定他们是陷入了困境。人们立刻组织起救援队，然而，大家心里都明白，在这种恶劣气候下，要到达 4 个遇难者的附近是很困难的。

拓展阅读

山 麓

山坡和周围平地相接的部分为山麓。这个地形转折线常常是一个过渡的地带。

这时，有人提议救援队去一个叫做勇固弗洛铁道的山洞。勇固弗洛铁道山洞穿过艾格峰，通过它可以到达艾格峰的中途。救援队中有很多是登山的行家，他们很快通过山洞，来到 4 个人所处岩壁下约 100 米处。

他们听到了一声呼救声。

"快，快来救救我！他们都死了，都死啦！只剩下我一个……救、救命呀……"

那是 23 岁的库尔兹。

莱纳已经冻死，他的身体成了艾格峰北壁的一部分。

因达舒都撒曾想动弹一下，结果手脚一滑坠入了万丈深渊。

安克拉则被因达舒都撒坠下时所牵引的绳子结结实实地捆住了胸部，无法呼吸，活活窒息而死。仅剩下来的幸存者库尔兹也已经被严重冻伤。他的身子在半空中晃荡着，以剩余下来的一点体力和求生的意志，作微弱的挣扎。

救护队人员冒着冰雪狂风试图接近库尔兹。不料，当到达距离库尔兹 30 米远的地方时，碰到了结着厚冰的岩面，不论他们怎么努力都无法前进了。

现在，唯一的办法是让库尔兹自己设法利用登山索荡下来。在救护队人员的指挥下，库尔兹艰难地掏出刀子，割断了登山索与同伴联系的部分，然后，又用绳子把岩钉和环扣结牢，做成一个绳套，套在自己的身上。就这一点事，被冻得半死的库尔兹竟然花了好几个小时才完成。当他终于能够向救援队所处的地方下降的时候，他那已变了形的脸上，满是痛苦不堪的表情。

风雪一直到下午才渐渐地停止。这时已近傍晚，天色渐渐地暗淡下来。岩壁四周鸦雀无声，笼罩着死一般的寂静。人们只能听到，库尔兹被冰雪厚厚包裹着的登山鞋磕碰着岩壁的声音。这声音在此时听来是那样的让人揪心。

不好，登山索上的绳结在晃动中缠住了环扣。库尔兹使出生命最后的力量，还是无法将它解开。

救援队队员们在下面大喊大叫，他们想用叫声使库尔兹振作起来……

然而，库尔兹在死神的手掌心里整整搏斗、挣扎了十几个小时，消耗的体力已经超出极限。他又苦撑着想最后动一下，但身体已不再受意念控制。他头一垂，从此进入了永恒的宁静。这位勇敢的年轻登山家，就这样把自己的生命献给了艾格峰北壁，献给了人类的登山事业。

两年以后，一支由奥地利与德国联合组成的登山队来到艾格峰北壁，在队员弗里兹·卡斯巴雷克、海因利伊·荷拉、鲁多依喜·惠尔达、安德鲁斯·贝克迈尔的艰苦努力下，用了整整4天时间，终于从艾格峰北壁登顶。他们的惊人业绩，告慰了为之献身的登山英雄们。

艾格峰北壁第一次被人类征服了，但是，艾格峰北壁的凶险和狂暴依然如旧，所以，在奥地利与德国联合登山队取得创纪录的成功之后，它的魅力并没有消失。登山好手们纷纷而来，都想在这座被视为阿尔卑斯山脉危险之最的岩壁上一显身手。

1966年，美国的哈林与英国的哈斯顿结伴来到艾格峰北壁，他们要实现一个十分大胆的

广角镜

奥地利

奥地利位于欧洲的中部，北靠德国、捷克，东与斯洛伐克和匈牙利相邻，南部与斯洛文尼亚、意大利接壤，西部是瑞士和列支敦士登，是中欧从南到北、从西到东的交通枢纽。它的首都和最大城市是维也纳。

计划：从艾格峰北壁正面不避任何危险地直线攀登上去，创造新的攀岩纪录。这两位艺高胆大的登山家有着一身过硬的攀岩绝技，他们都有多次征服阿尔卑斯山脉的经历，还先后征服过马特宏峰北壁。

开始攀登之前，哈林驾驶直升机在伊格峰周围进行了详细的侦察。经过反复讨论，哈林与哈斯顿才确定了他们的攀岩方案。

攀登开始了。起先一切顺利，但是当他们到达距离山顶还有 600 米的地方时，却发生了意想不到的事情：承担哈林身体重量的尼龙登山索突然绷断了！哈林还没来得及作出任何反应，他的身躯已被弹离岩壁，接着便坠入万丈深谷。年仅 30 岁的哈林就这样在一瞬间消失得无影无踪。

目睹这一切的哈斯顿惊呆了！同伴遭难使他悲痛万分，但是，他并没有心灰意冷。他稍作镇定，又开始继续攀登。

哈斯顿狠狠地在冰雪覆盖的岩壁上敲着岩钉，完全不顾飞溅的冰渣打在脸上的刺痛。他的脑子里只有一个想法：攀上去，攀上去，为了艾格峰北壁，为了哈林。

哈斯顿在继续攀登的途中，碰到了一支由普通路线上来的德国登山队。4 名德国的登山队员大声地向哈斯顿问候，并且热情地邀请他同行。于是，他们 5 个人同心协力地去对付最后的困难，终于把这条哈林赌上了性命的直登路线延伸到顶峰。

为了纪念哈林这位优秀的登山家，哈斯顿和德国登山队的队员们商定，将这条艾格峰北壁最中央的直上的路线起名为"哈林路线"。

"新路线派"的登山者在征服"三大北壁"特别是"艾格峰北壁"的辉煌成就中，显示出了惊人的勇气和实力。他们从此在登山界确立了自己的地位。"新路线派"的登山家们为登山运动提供了大量的登山经验，也促进了登山观念和登山器械的改革。他们的业绩即使在今天看来，仍然是不同凡响的。

艾格峰北壁，至今仍是世界上有名的难登地点之一。

高加索山脉

◎ 欧亚屏障

提起高加索山脉，或许我们会立刻想到那位人类的保护神——普罗米修斯。他就是被残忍的宙斯绑在了高加索山脉。

尽管普罗米修斯的神话早已成为人类遥远的记忆，但高加索山脉依然屹立于欧亚两洲之间，西濒黑海和亚速海，东临里海，成为欧亚之间的天然界限。最高峰厄尔布鲁士峰，位于高加索山脉的中央。它自西北向东南延伸，形成大高加索和小高加索两列主山脉，包括山麓地带在内占地44万平方千米，是个自然生态多变化的地区。

◎ 攀登高加索山脉

从现代登山运动开始，到阿尔卑斯登山黄金时代，人们一直把这项运动称为"阿尔卑斯运动"。随着阿尔卑斯登山黄金时代的结束，除"新路线派"登山家以外，更多的欧洲登山好手们所想到的是去更远处寻找更高的处女峰，登山家们从此在全球范围搭起供他们表演和冒险的新舞台。

从1868年起，英国、法国、意大利、瑞士等国的登山家把注意力移向格鲁吉亚境内的高加索山脉地区、非洲大陆的三大制高点，以及澳大利亚和新西兰等地。

高加索山脉，地处欧亚两洲的交界处，气候宜人，风光优美。高加索山脉从西北到东南，

高加索山脉

连接黑海和里海，崇山峻岭连绵 350 千米。尽管高加索山脉的群峰海拔高度都不足 6000 米，但它的雪线平均高度为海拔 3000 米，有着阿尔卑斯山脉少见的冰峰和雪岭。在高加索山脉松柏长青的群山中间，悬挂着无数条大小冰川；无数条山间急流汇成几条大河，一泻千里，造就了高加索山脉特有的气势。

在马特宏峰被温巴等征服后第三年，一支规模较大的西欧登山考察队来到高加索山脉。率领这支登山考察队的是英国的登山家兼地理学家弗雷士费尔德。队员中还有两位著名的登山家，他们是创下首次征服勃朗峰布连瓦那冰梁纪录的穆尔和塔卡。

在当时，西欧还很少有人知道高加索山脉，就连见多识广的穆尔和塔卡也是第一次听说。这次出征原以探查地形等为目的，但是，在探查途中，登山家们抑止不住自己的激情，便乘兴攀登上海拔 5043 米的卡兹别克峰，创下了欧洲登山史上首次征服 5000 米高度的登山纪录。接着，他们又登上了欧洲最高点厄尔布鲁士峰的东峰。

在雇用当地土著作向导的时候，弗雷士费尔德的远征队十分惊讶地发现：这些高加索山民尽管没有受过正式的训练，但他们却具有精湛的登山技术，而且登山时还穿着装有防滑铁片的登山鞋。

弗雷士费尔德在 1889 年又来到高加索山脉。这次，他带领的是一支搜索队，目的是查找失踪的登山家汤金和福克斯的下落。

1888 年，汤金和福克斯结伴来到高加索山脉的科西坦多峰。那是一座海拔 5144 米的处女峰。他们原先信心百倍，准备在这里创造一个登山好成绩，但是，他们从此一去不回。一年过去了，还没有他们的消息。

弗雷士费尔德的队伍几乎搜遍了整个科西坦多峰，也没有找到汤金他们的尸体，却发现了他们最后驻扎的营地。所有的东西都完整无缺，一点也没有山贼抢掠的迹象。大伙儿估计，这两位登山家可能是在攀登途中坠崖身亡了。

同是在 1888 年，"新路线派"先驱姆马里也来到高加索山脉。他征服了德克陶峰。

◎影响了战争的登山家

在第一次世界大战爆发前的 10 年中，高加索山脉逐渐被登山家们所征服。欧洲高峰厄尔布鲁士西峰自从 1874 年被首次登顶后又屡次被人们征服，其中最有名的一次攀登是在 1942 年，因为那次攀登关系到一场重要战争的结果。

那是在第二次世界大战期间，入侵前苏联的德国军队攻占了厄尔布鲁士峰顶。在这个 5600 多米高的欧洲制高点上，德军设置了高倍望远镜，监视着向巴库方向去的前苏军增援部队调动情况。只要前苏军一有动向，就会被这架"不需要加油和降落的侦察机"察觉，于是，德军就会调集空军和炮兵进行有效的轰炸，前苏军因此遭受到重大的损失。前苏军

拓展阅读

望远镜

望远镜是一种利用凹透镜和凸透镜观测遥远物体的光学仪器。利用通过透镜的光线折射或光线被凹镜反射使之进入小孔并会聚成像，再经过一个放大目镜而被看到。

几次想调动部队来争夺这个制高点，都由于缺乏登山技术和经验以及登山装备落后而告失败。有几回甚至整团整营的人员遭受严重冻伤，丧失了战斗力。

在这万般紧急的情况下，统帅部下令征集曾攀登过这座高峰的运动员和教练员。于是，一个由登山家组成的山地战斗营很快组成。凭着良好的专业素质，山地战斗营的队员们直扑山顶，很快攻上了顶峰。

在那座被称为"厄尔布鲁士大饭店"的营地里，前苏联登山家别列斯基见到了 3 名穿德军军官制服的熟人，他们竟是在 1937 年和 1938 年与他一同攀登这座山峰的三位德国登山家。

◉ 征服非洲高峰

◎ 乞力马扎罗山

只要读过美国著名小说家海明威的《乞力马扎罗的雪》，就会让人情不自禁地对乞力马扎罗山的神秘性以及那具已经风干冻僵的雪豹产生浓厚的兴趣。

乞力马扎罗山有许多优美动人的神话和传说。据说，在很久以前，天神恩盖想迁居到该山，以便能够看望他的人民。而恶魔极不愿意天神来此定居，他在山上点起了熊熊烈火，喷出了熊熊烈焰和滚烫的熔岩，以此驱赶天神。天神十分生气，携着电闪雷鸣，降了一场洪水般的暴雨，接着又抛下了冰雹，把火山填满，终于熄灭了恶魔点起的妖火。从此之后，乞力马扎罗山顶就永远成了一片冰雪世界。而那被暴雨浇灭的熔岩则变成了肥田的沃土铺撒在山下的土地上，使人民得以耕耘收获，过上了美好生活。

乞力马扎罗山是一座休眠火山。它位于坦桑尼亚东北部的赤道附近，海拔约5895米，是非洲第一高峰，也是世界上最高的火山之一，被称作非洲的"珠穆朗玛峰"。它有2座主峰，一座叫基博，另一座叫马温齐。主峰基博峰，海拔约5895米，超过欧洲境内的任何一座山峰。基博峰顶的火山口，直径达2千米，峰顶的斜面部分被厚约60厘米的雪所覆盖。乞力马扎罗山区有赤道上特有

广角镜

海明威

海明威，美国小说家。海明威出生于美国伊利诺伊州芝加哥市郊区的奥克帕克。其代表作有《老人与海》《太阳照样升起》《永别了，武器》《丧钟为谁而鸣》等，并凭借《老人与海》获得1953年普利策奖和1954年诺贝尔文学奖。海明威被誉为美利坚民族的精神丰碑，并且是"新闻体"小说的创始人，他的笔锋一向以"文坛硬汉"著称。海明威的写作风格以简洁著称，对美国文学及20世纪文学的发展有极深远的影响。

的热带森林。穿过森林，是冰川雪融后形成的激流，它们来自山顶的冰雪世界。1889 年，乞力马扎罗山被德国登山家汉斯·梅耶所征服。

从远处看，乞力马扎罗山蒙蒙眬眬，涂上了一种神秘莫测的气氛，因而阿拉伯人曾把它们称作"飘忽不定的难以抵达的仙山"。当地的土著居民更把它们敬若神明，生活在雪山脚下的瓦查夏部落就认为基博峰是一切生命的源泉，他们的许多风俗习惯都与此相关。当瓦查夏部落青年在路上遇到比自己年长的人时，他必须给长者让路，让长者走靠近基博峰的那一面。当他们给死者下葬时，他们也要让死者面对着基博峰。基博峰顶部有一个极大的休眠火山口。直径达 1800 米，深 200 米，底部有无数巨大的千姿百态的玉柱。火山口凝结着坚实的冰块，犹如一个晶莹剔透的大玉盆，十分壮观。

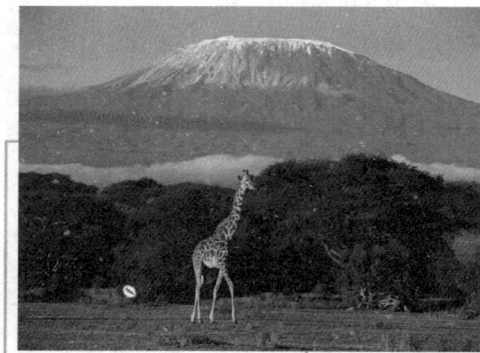

乞力马扎罗山

"乞力马扎罗"一词在斯瓦希语中意为"耀眼的山"，即"光明之山"；"基博"一词在查加语中意为"黑白相间"，因为山上的白雪和黑色岩石相互交错，构成了一幅壮丽雄伟的图画：而"马温齐"一词在查加语中意为"破裂"，这是由于它的山峰是由四五个犬牙形的山峰构成，险峻、挺拔，同圆形的基博峰遥遥相对。由于印度洋上吹来的海风常常被基博峰魁梧的身躯所阻挡，山巅和山腰时有浮云和雾气缭绕，使巍峨耸立的基博峰若隐若现，变幻莫测，其终年积雪的山峰只有在黎明日出和黄昏日落时才偶尔现出"真身"。每当山峰揭去浓云密雾的面纱露出它那光彩夺目的雪冠时，无论旅游者还是当地山民都会不由自主地停下脚步或手中的劳动，凝望片刻，欣赏着这大自然的壮丽奇观。苍翠蒙眬的山体衬托着无边无际的绿色草原，令人心旷神怡，浮想联翩，禁不住感叹这大自然创造的伟大奇迹。

乞力马扎罗山，从远处看是一座巍巍耸立的雪山。到了山中，钻入遮天蔽日的丛林，反而看不到雪山的雄姿丽影了。这是因为该山的植被呈垂直分布，山上山下景色迥然不同。山麓是一片一望无边的热带森林，高大茂密。许多树木高达 10 多米。在苍老的罗汉松和樟树躯干上缠绕着巨蟒似的藤蔓植物，厚厚的苍苔像绿色帘幕从枝头倒悬而下。这里还有一种名叫木布雷的珍贵硬木，需长达 90 年的时间才能成材，是盖房、做家具的首选木材，永不腐烂。在地面上，山溪潺潺流过，发出淙淙的水声。山坡上覆盖着肥沃的火山灰，甘蔗、茶树、剑麻、香蕉、咖啡等各类植物茁壮生长，形成了此起彼伏的绿色世界。雪线以上则是皑皑白雪的峰巅和银蛇蜿蜒曲折般的巨大冰川，形成了一片银色的世界，这壮丽的景色吸引着来自世界各地的旅游者，每年都有成千上万的人们来到这里观赏美丽的自然景观。

乞力马扎罗山麓常年酷热，气温最高可达 59℃，但在峰顶，气温又常在零下 34℃，终年冰雪覆盖，寒风怒号。平时山峰云缭雾绕，变幻多端，给人一种神秘莫测、飘忽不定的感觉。而每当云消雾散之时，冰清玉洁的山顶，在赤道骄阳的照耀下，呈现出五彩缤纷、绚丽夺目的奇观。

知识小链接

罗汉松

罗汉松是松树的一种，又名罗汉杉、长青罗汉杉、土杉、金钱松、仙柏、罗汉柏、江南柏，为常绿乔木，高可达 18 米，通常会修剪以保持低矮。叶互生，以螺旋形状排列，亦分雌雄。种皮大于种子，成熟呈红色，加上绿色的种子，好似光头的和尚穿着红色僧袍，故名罗汉松。

当德国人雷布曼和克拉普夫于 1848 年到达乞力马扎罗山时，那里就为欧洲人所知了。不过关于离赤道那么近的的地方也有峰顶积雪的山脉的消息，过了很久之后才为人相信。

乞力马扎罗山的主峰基博峰是德国地理学家迈尔和奥地利登山家普尔柴勒于 1889 年首次攀登上去的。马温齐峰是 1912 年由德国地理学家克卢特最先登顶的。

◎ 被冻死在赤道烈日下的登山家

在灼热太阳照耀的赤道非洲，有 20 个男人被活活地冻死了。这听起来简直有点让人觉得不可思议，但这又确实是一件真事。

那是在 1903 年 2 月，以基尔弗休坦因男爵为首的德国登山队一行 40 人来到了中非的卢旺达境内。他们此行的目的，是为了攀登世界上最活跃的火山之一的卡里辛比山峰（海拔 4350 米）。

一天，德国登山队来到海拔 3600 米的布兰卡火山口。在这之前，他们已经遭受了好几天的暴风雪袭击。中午，阳光直射，大家为了躲避强光，都戴上了墨镜。但是，暴风雪又来了。寒风凛冽，为了驱寒，大伙儿只得紧紧地拥抱在一起。气温越来越低，最后，40 名队员中竟有 20 名被活活地冻死在这赤道的阳光下。

知识小链接

火山口

火山口是指火山喷出物在它们的喷出口周围堆积，在地面上形成的环形坑。火山口上大下小，常成漏斗状或碗状，一般位于火山锥顶端（无锥火山口则位于地面，称负火山口）。

◎ 战俘营逃出的登山家

非洲的第二高峰位于肯尼亚山。攀登肯尼亚山的难度很大，难度大的原因不光是由于山的本身，还由于有关它的传说和信仰，肯尼亚山被当地人们视为圣山。

肯尼亚山有两座海拔 5000 米以上的主峰，巴蒂安峰和涅里翁峰，附近还有一座海拔 4968 米的莱纳纳峰。

1899 年，一位名叫哈鲁波多·马晴达的英国登山家率队前来攀登时，遭到了当地人的激烈反对。英国登山队历尽波折，最后总算登上了巴蒂安峰。

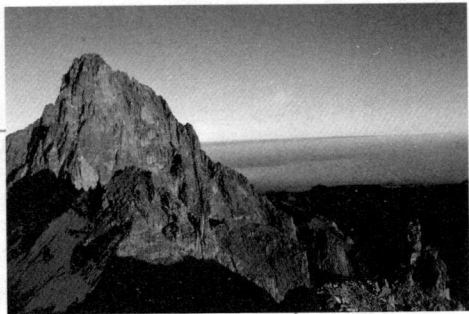

肯尼亚山

30 年以后，英国的艾力克·艾尔利·希普顿成功地登上涅里翁峰。稍低于主峰的莱纳纳峰，却直到 1943 年才被征服。那次登山很有些戏剧色彩，所以至今仍被人们津津乐道。

事情发生在第二次世界大战时期。在距离肯尼亚山 80 千米处，有一个由英国创办的战俘收容所，那里关押着一些在战争中被俘虏的意大利士兵。一天，三名被俘的意大利士兵隔着铁丝网眺望肯尼亚山。

"嘿，要是能走出这个鬼地方，我非登上莱纳纳峰不可，她多美呀，是我的峰。"巴雷多神情激动地说。他是个业余的登山爱好者。

"干吗不想想办法呢？"巴尔索从未登过山，这回却被巴雷多的情绪感染了。

"对，照你说的办，逃出去！"巴雷多说。

"我看我们必须有个计划，到时候我们三个一起去。"另一位业余登山爱好者贝努齐也很激动，但他要比同伴们想得更周到一些。

从这天起，他们三个人经常从不同的角度去观察莱纳纳峰。他们在图书室里一本又一本地查找有关资料，还用了整整 6 个月的时间来储存食品、制作简单的登山工具。他们用毛巾做成防风雪的头巾，用偷偷从旧卡车上拆下来的保险杠做成登山用的防滑鞋。一切准备就绪，他们便开始等待机会。终于，他们趁英军哨兵稍稍疏忽的时候逃出了战俘收容所。

莱纳纳峰

逃出战俘收容所，贝努齐、巴

雷多等三人便直奔 80 千米外让他们朝思暮想的莱纳纳峰。装备不齐全，食物缺乏，以及环境的种种障碍，其艰难的程度外人是难以想象的。

然而，他们成功了。从低洼地区的酷热带到雪线以上的严寒带，他们战胜了呼啸的寒风，登上了莱纳纳峰。

三位冒险家在完成这一壮举以后，又被抓回了收容所。事实上，他们本来就没有逃离收容所的打算。为此，贝努齐和他的两个伙伴被收容所处以数周的禁闭，但他们一点也不后悔，因为是他们首次征服了莱纳纳峰。

◎ 一年下雨 360 天的月亮山

在非洲，排行第三的山峰是玛格丽塔峰，海拔 5109 米，位于刚果（金）和乌干达国界线上的鲁文佐里山地。鲁文佐里山地通常迷雾笼罩，很能激起人们浪漫的情怀。于是，人们给它取了个浪漫的名字——月亮山。玛格丽塔峰就是这月亮山的最高峰。

1899 年，美国探险家亨利·史坦雷进入月亮山。他发觉，这里一年之中，竟有 360 天是雨天，早期的登山家们因为无法适应这种热带地区所特有的暴风雨气候而屡遭失败。

1906 年，意大利著名登山家阿布鲁齐公爵，率领一支经过周密计划组织的登山队来到月亮山。在攀登玛格丽塔峰的途中，他们遇到了一件十分奇异的事：当他们在一条有急流的峡谷里跋涉时，突然下起倾盆大雨，大伙儿到山岩下面去避雨。在那里，他们看见满山遍野开放着硕大无比艳丽夺目的花朵。他们让这些满目的花朵搅得迷了路。最后，他们只得用斧头砍劈花枝来寻找登山道路。

在这支登山队伍中，有一位杰出的摄影师，他叫谢拉。一路上，谢拉拍摄了许多照片，从而将山地的森林、山谷的溪流、山顶的冰雪以及登山家们矫健的身影都真实地记录了下

拓展阅读

峡 谷

一种狭窄而深的河谷。两坡陡峭，横剖面呈"V"字形，多发育在新构造运动强烈的山区，由河流强烈下切而成。

来。这些珍贵的照片向全世界人民展示了月亮山那优美而迷人的自然风光。

▶ 以美国总统名字命名的北美洲最高峰——麦金利山

◎ 麦金利山

　　北美洲第一高峰麦金利山位于美国阿拉斯加州的中南部，地处阿拉斯加山脉的中段，距离费班克约 240 千米。它的海拔约 6194 米，是北美洲的第一高峰。北美洲其他的著名山峰还有派克峰（海拔约 6050 米）、墨西哥高原的克·普多火山等。当地印第安人称此山为"迪纳利山"。每当清晨太阳从迪纳利峰升起来的时候，山顶上的积雪熠熠发光，十分壮观，令印第安人赞叹不已。于是，印第安人认为此山是太阳休息的地方，是一座神圣的山，对此山充满了敬畏之情。俄国占领阿拉斯加的时候，将此山称为"大山"。后来，美国购买了这片原属于俄国的领地。

　　1896 年，有一位叫太其的探矿界名人探查了麦金利山。太其是美国狂热的共和党人，他把这座雪山改名为"麦金利"。他说，之所以要把这个荣誉给总统，是因为他在荒无人烟的山里听到的第一个消息就是麦金利被选为新任总统。麦金利当选为美国总统以后，亲自派人对麦金利山进行考察。当麦金利得知这座以自己名字命名的山竟然是北美洲的最高峰时，不由得欣喜万分。

　　1917 年，麦金利山被开辟成国家公园，成为美国仅次于黄石国家公园的第二大公园，面积达 6800 多平方千米。

麦金利山

知识小链接

国家公园

国家公园是指国家为了保护一个或多个典型生态系统的完整性，为生态旅游、科学研究和环境教育提供场所，而划定的需要特殊保护、管理和利用的自然区域。它既不同于管理严格的自然保护区，也不同于一般的旅游景区。

麦金利山作为北美洲的第一高峰，每年吸引了许多来自世界各地的旅游者和登山者。为了方便普通游客，这里修了一条长达58千米的羊肠小路，直通山顶。由于这里的天气变化无常，小路的大部分常常被积雪覆盖着，攀登起来非常困难，即使是专业的登山运动员也需要2个星期才能登上峰顶，普通的旅游者大概需要1个月的时间。

麦金利山以其雄伟壮观、别具一格的自然风光吸引了很多来自世界各地的旅游观光者。他们常常为麦金利山的美丽景色惊叹不已，流连忘返。如今，麦金利山已成为世界名山中的一颗璀璨的明珠闪耀在北美洲的上空。

◎ 法官的判决

在北美洲，登山家们的冒险故事，也主要是从麦金利山开始的。

麦金利山的南峰海拔高度为6193米，是北美洲制高点。千百年以来，生活在这一带北极圈附近的印第安人一直把它唤作"迪纳利"，即最伟大的雪山。

麦金利山山腹覆盖着层层的冰块，无数的冰川纵横其中。山的斜面部分，即便在夏季，气温也从未达到0℃以上。这里的风速非常快，常常达160千米/时，雪崩和冰崩更是家常便饭。麦金利山的恶劣脾气和它南北两峰的雄伟气势使人望而生畏。但是，对于那些富有冒险精神的登山家们来说，麦金利山让他们兴奋不已。

在太其之后，住在麦金利山北方240千米外费尔班克斯的威卡夏姆大法官组织了一支登山队。他们在1902年向麦金利南峰进发，但是，和以前所有登山者的命运一样，麦金利山用一座座高大透明的冰壁和错综的冰川裂缝，将他们统统阻挡在主峰脚下。

威卡夏姆大法官在从南峰脚下掩面而归之后，正式下了"判决"：麦金利山是一座永远拒绝人类攀登的山。

◎ 库克——英雄还是骗子

威卡夏姆大法官的这一武断，引起库克等人的激烈反应。库克对极地探险具有极其丰富的经验。他宣称，威卡夏姆大法官之所以被麦金利山拒绝，是因为他对登山完全是外行。一时间，两种观点争论不休，相持不下。于是，库克和物理学教授巴卡、画家兼自然科学家布朗决定一同去攀登麦金利山南峰，用事实来粉碎威卡夏姆大法官的"宣判"。

1906 年，库克一行跋涉到麦金利山的西南坡。由于他们事先做了周密安排，所以开始时进行得非常顺利。可当他们到达冰川地区的时候却迷了路。3 个人被困在雪洞里，雪桥封盖住了他们的身体，他们的头顶上只留下极细的一线天空。

他们在龟裂的冰层上作拼死奋斗。可是几个星期过去了，他们发现，高耸的南峰并未离自己近一点。眼看带来的食物消耗殆尽，库克、巴卡和布朗只好像威卡夏姆大法官一样放弃登山，垂头丧气地回到了出发地——德意内克村。

在回德意内克村的路上，库克一直沉默无语，他的眼前仿佛出现了威卡夏姆大法官那令人难堪的笑容，他的耳边仿佛传来了人们的冷嘲热讽。"不！"库克对自己说，"我决不能这样回去，决不！"库克感到人世间的现实比麦金利南峰更无情：成功了可以当英雄，失败了便是狗熊，没有第三种角色可以选择。可是，怎么办呢？该死的冰河！那数十米甚至几百米高的大冰壁确实让库克无计可施。

库克无法正视自己失败的现实。他看看身边的巴卡与布朗，脑海里突然冒出了一个主意。

在德意内克村的一所木房子里，库克又重新穿上雪鞋、带上冰镐与登山索等器具。他对布朗和巴卡说："伙计们，我再去找找攀登麦金利山的路，你们在这里等我。或许能找到一条通往峰顶的新路，我们就可以再次去登一登那该死的南峰。"

"去吧，你爱去就去吧。"

"祝你顺利回来！"

巴卡与布朗挥手送走了库克。可是，他们万万没想到，在这以前，库克已经暗暗地雇用了一位名叫巴力尔的搬运工人。现在，库克和巴力尔正一起向麦金利山走去。

库克是个十分精明的人，他自然不会忘记给纽约城的朋友发电报。他在那个电报里说，他"正冒着生命危险，重新攀登麦金利山"。他相信，他的朋友不久就会把这个消息捅给新闻界。

巴卡和布朗在德意内克村里足足等了 1 个月，他们甚至以为库克已经遇难了。正当巴卡和布朗整理行装准备去寻找库克的时候，他们得到了一个惊人的消息：麦金利南峰被库克征服了！报纸上刊登了库克亲自拍摄的照片，照片中占据绝大部分画面的是一个白雪皑皑的山峰，远远望去，能看见那山的顶端站立着一个人。据称，那个站在山顶的人，便是与库克结伴的巴力尔。

库克向全社会公开了他在山顶拍摄的大量照片和幻灯片。几年之后，库克又把自己的冒险经过写成一本书——《大陆的最高峰》。这本书以精彩的景物描写和扣人心弦的历险纪事行销于市，库克本人也因此成为全美国的知名人物。

巴卡和布朗却对库克的英雄壮举存有疑虑，他们认为，库克在离开他们到宣称登上山顶总共只有 20 来天，在这短短的时间里，要跨越冰河、攀过冰壁再攀上顶峰是不可能的，至少，时间上明显不够。但是，巴卡和布朗缺乏足够的证据，所以他们的话没有引起人们的注意。

与此同时，居住在阿拉斯加一带的猎人和淘金者们对库克的成功也提出疑问。他们指出，库克对麦金利山周围环境的描述不准确，使人不得不怀疑他是不是真的登上过麦金利山。

对于这些，库克却反驳说："只有我库克登上了南峰，但是，我很奇怪竟然还有人会宣称比我更了解南峰上上下下的地形，我完全不知道这样的挑剔到底是出于何种心理。"

登山引起的风波，很快归于平静。那年头正值北方的开发时期，大多数人都乐意接受一个英雄。所以，要对库克的事迹进行验证只有一个办法，那就是登上麦金利山的顶峰。

◎ 两个外行的登顶壮举

在库克宣称征服麦金利山的第三年，威卡夏姆大法官所在的费尔班克斯正处在滴水成冰的严冬季节。一天，胡子、帽子上都沾着冰雪的探矿者和投机商们照例从四面八方赶到集市。他们会聚在这家由比利·马克威所开的酒店里，这个酒店是投机商们洽谈生意的地方，也是当地的一个消息中心。

几杯威士忌下肚之后，探矿者与投机商们都感到暖和起来。他们的话题从金子转到库克的登山，许多人嚷嚷着，说不相信库克真的攀上了麦金利山。

酒店老板比利·马克威对这个话题很感兴趣，他晃动着高高胖胖的身躯来到谈话者的中间，十分豪放地把一大杯威士忌一饮而尽。

"伙计们，小伙子们，光嚷嚷是没用的，"比利·马克威大声地说，"你们得去证明，得去攀登麦金利山才是。"

"攀登麦金利山?"众人都怔住了。

"是的，一直登到顶。我要是能年轻 20 岁，我就会亲自去。你们得让我相信，现在这个时代不仅仅有骗子、投机者、小偷和无赖，应该还有英雄，有真正的男子汉。"

于是，比利·马克威宣布："从今天开始，一直到 1910 年的 7 月 4 日以前，不管是谁登上麦金利山，我都将付给他 5000 美元的奖赏!"

"哇!"人们更加兴奋了。

"一言为定。"汤姆·鲁罗伊都说道。

"那就先为我和汤姆·鲁罗伊都即将获得那 5000 美元干上一杯!"威廉·提拉站起来，高高举起酒杯。

兴奋的人们纷纷仰起脖子喝下预祝胜利的酒，一个再次

趣味点击　　威士忌

威士忌是一种以大麦、黑麦、燕麦、小麦、玉米等谷物为原料，经发酵、蒸馏后放入橡木桶中陈酿、勾兑而成的一种酒精饮料，属于蒸馏酒类。

向麦金利山挑战的设想就这样定了下来。但是，大多数人还是不相信汤姆·鲁罗伊都和威廉·提拉会成功。

　　1909 年 2 月 2 日，阿拉斯加仍是一片冰天雪地的世界，汤姆·鲁罗伊都和威廉·提拉向麦金利山出发。同行的还有两位大胆的猎人：比达·安达松和查理·马古格纳卡尔。他们 4 人毫无登山经验，没有向导，也没有携带专门的登山工具。他们携带的只是几个篮子、几件露营用品和够吃几个星期的粮食，此外就只有两条狗了。他们所拥有的最佳登山条件，就是强健的体魄、不屈不挠的勇气和猎人特有的敏锐的直觉。

知识小链接

阿拉斯加州

　　阿拉斯加州位于美国西北太平洋东岸，是第 49 个加入美利坚合众国的州，也是美国最大的州。阿拉斯加州东接加拿大的育空、不列颠哥伦比亚，南邻阿拉斯加湾、太平洋，西濒白令海、白令海峡、楚科奇海，北临北冰洋。原属俄国，1867 年被俄国人以 720 万美元的价格卖给了美国。

　　一般的登山者是不会选择在冬天的时候出发的，他们知道其中的道理。但是，猎人的直觉告诉他们，严寒的冬季冰层更厚，更有可能发现通过冰川的新路线。然而事实上，严冬给他们带来的是更大的困难，单是跨越一条大冰河，他们就花去了 11 个星期。

　　通过著名的马鲁多罗冰川之后，4 个勇敢的人在冰河的源头进行了摄影。然后，他们开始攀登。

　　他们在狂野的暴风雪中攀登到海拔 3353 米的地方，这时，比达·安达松的双脚严重冻伤了。为了取得成功，汤姆·鲁罗伊都要求全体伙伴严格按照事先定下的日程表继续攀登。幸好，比达·安达松的脚很快痊愈，他跟上了登山队。

　　再向上去，他们便到了如刀刃一般锋利的地方，汤姆·鲁罗伊都让大家用篮子仿照拉雪橇的方式登上去。到达海拔 4572 米时，他们才发现，原来麦金利山有 2 个山峰，看起来两峰几乎一般高，他们选择攀登北峰。

当快要接近山峰时，他们在峻峭的山棱上挖了一个冰洞，作为最后的营地。第二天，汤姆·鲁罗伊都一行人开始迈向北峰的峰顶。他们凿开冰块，开出每一步的立脚处。终于，他们登上了峰顶！

他们兴奋地把美国国旗插在雪地上，让它迎风飘扬。就在这个时候，他们忽然发现他们攀登的是较低的北峰，而更高的是南峰，比北峰高出有 260 米左右。

几天以后，他们回到了营地。又过了 2 个星期以后，他们回到了费尔班克斯。汤姆·鲁罗伊都等人详细地陈述了他们的探险经历。他们告诉大家麦金利山有两个主峰，因为担心酒店老板不肯付出赏金，所以他们隐瞒了登的只是北峰的事实。比利·马克威祝贺他们登顶成功，并如数付给了赏金。

汤姆·鲁罗伊都和他的伙伴们登上的只是较低的北峰，这一点并没有引起多少议论。人们佩服的是，一支全由外行组成的登山队，竟然登上了如此艰险的雪峰，这不能不说是登山史上的一个奇迹。

在阿拉斯加以外的地方，人们却不相信这些探矿者和猎人能够战胜麦金利山。直到 3 年以后，当另一支登山队伍登上麦金利山北峰，发现了汤姆·鲁罗伊都等人插在峰顶的美国国旗时，才证明了那些幸运的探矿者和猎人的确征服过麦金利山北峰。

◎ 照片的证明

由于汤姆·鲁罗伊都等攀上的都是北峰，因此仍然无法辨明库克征服麦金利山南峰的真伪。1912 年，那次被库克抛弃的巴卡与布朗又来到麦金利山下，打算再次发起对南峰的挑战。

他们事先做了周密的安排，并且采用和探矿者们同样的登山路线——从东北方向接近这座山。

在马鲁多罗冰川，巴卡与布朗用雪橇把登山物资运送上去。然后，他们把雪橇留在营地，从狭窄的山脊开始攀登。当他们在 5000 米高度的冰川盆地前设营，为最后冲击顶峰作准备时，天气突然转坏了。强劲的山风刮得地动山摇，雪崩所发出的巨大轰鸣如雷贯耳。他们只得停顿下来，在小帐篷里提心吊胆地度过了 4 个昼夜。

天空终于放晴，他们又抖擞精神地开始行动。这一回，他们一鼓作气攀登到海拔 5790 米的地方。前面的山脊倾斜度稍稍有些缓和，看来此行胜利在望。但是，就在离山顶还有 2000 米路程的时候，狂风大作。他们竭尽全力，才勉强前进了 1100 多米。这时两人都已筋疲力尽，再也无法与麦金利山抗争了。几个小时后，他们总算回到了最后的扎营地点。2 天后，气候刚刚转好，他们再次冲击山顶。可是，在即将登顶时，气候又一次变坏，他们又一次失败了。

巴卡和布朗懊丧地退下山来，愤愤不平地诅咒自己的坏运气。在他们离开麦金利山的几天以后，这座山连续发生了几次强烈的地震。巴卡与布朗最后所到达的雪梁被完全地震塌了，麦金利南峰也改变了模样。

巴卡和布朗没能冲击到顶峰，但他们拍摄的照片已表明库克的所谓胜利完全是一个弥天大谎，库克的那本《大陆的最高峰》尽管文字优美，实际上却是一派胡言。

库克当了几年的"英雄"，到后来却被认定是登山史上最大丑闻的制造者，舆论界讥讽他为"站在最伟大的山下的最可笑的人"。

◎50 岁的史达克征服了冰峰

在麦金利山发生一连串地震的第二年，又有一支登山队前来与坏脾气的麦金利山较量。率领这支登山队的是年过 50 岁的史达克。史达克原是英国人，22 岁时移民到美国。他为了实现多年的夙愿，不顾自己的年龄，毅然决定向麦金利山挑战。

史达克的队伍里包括罗巴多·提特姆，生长在阿拉斯加的瓦鲁特·哈巴，还有来阿拉斯加淘金的卡尔斯坦。他们根据以前汤姆·鲁罗伊都以及巴卡与布朗两次登山的资料，决定采用同样的路线，从马鲁多罗冰川上去，再攀登北棱。

但是，当史达克等人越过冰川之后，却发现那条正北山脊不见了。原来，一年前的大地震，把山的表面彻底改变了。可以说此时的麦金利山是一座新生的雪山，一座完全陌生的山。

改变后的麦金利山山势更加险峻，攀登起来也就更加艰难。呈现在史达克面前的是一片冰塔林立的冰瀑地区。

"这真不可思议！"罗巴多·提特姆惊叹着。

"看来，我们得尽快离开这个地方。这些冰瀑尽管美丽，可是对我们来说，或许是不祥的预兆。"淘金者卡尔斯坦说。

"叫我说呀，"瓦鲁特·哈巴挥了挥手中的冰镐，"咱们得用上这个老朋友了。"

"说的对，我的孩子，"史达克说，"我们就用开凿站脚处的办法，先穿过冰瀑，再开出一条新路线来。我想，我们会成功的。"

他们在冰壁上一个一个地凿孔，开出了一条新路。他们又把东西一样一样地拖了上去。1913 年 6 月 6 日，史达克一行终于征服了南峰。

史达克跟跟跄跄地冲到峰顶的最高处，他跪在厚厚的雪地里，激动地热泪盈眶。

依照传统的登山习惯，史达克观察了温度计和气压计上的读数。他把温度计留在了山上，以便让后来的登山家们找到它，并为他们证明：史达克一行人确实登上了北美洲的最高点。

1932 年春天，阿林达·史脱罗姆和哈里·烈特率领的远征队和阿南·卡白所领导的高山研究登山队先后征服了麦金利山南峰，他们都发现了史达克留下的温度计。这支温度计显示：麦金利山顶的最低气温是零下 35℃。

◎ 连续两次登顶的上尉

阿拉斯加山脉纵贯北美洲整个西海岸，有无数的山峰耸立着，麦金利山与邻近的弗雷卡峰同属于阿拉斯加山脉。此外，还有落基山脉、喀斯喀特山脉、内华达山脉、南盖尔山脉和比特鲁山脉等，其中，以北方的阿拉斯加和育空区国境旁的圣伊莱亚斯火山带最为引人入胜。

圣伊莱亚斯火山带上耸立着许多险峰，较高的有圣伊莱亚斯峰（海拔5489 米）。

　　1897 年，意大利国王的孙子阿布鲁齐公爵率领一支登山队来到这里。当时，阿布鲁齐公爵年仅 24 岁，却已经是一位经验丰富的登山者了。阿布鲁齐公爵曾创造过第一个在冬季攀登阿尔卑斯山脉的业绩，他那坚韧不拔的耐力和临危不惧的精神，使他在当时的世界登山界享有盛誉。

　　阿布鲁齐公爵的登山队中还有著名的山岳摄影师谢拉和阿尔卑斯山脉一带最好的向导。他们花了将近 1 个月的时间登上了圣伊莱亚斯峰，接着又用 154 天时间考察了这座火山周围的广大地区。

基本小知识

火　山

　　地壳之下 100 ~ 150 千米处，有一个"液态区"，区内存在着高温、高压下含气体挥发的熔融状硅酸盐物质，即岩浆。它一旦从地壳薄弱的地段冲出地表，就形成了火山。火山爆发能喷出多种物质。

　　阿布鲁齐公爵一行登上圣伊莱亚斯峰后，北美洲已形成了广泛的登山风气。在以后的 30 年中，人们在美国全境、加拿大和阿拉斯加创造出一个又一个的登山纪录。著名的英国登山家温巴这时也已摆脱了马特宏惨剧的噩梦，他在 20 世纪初来到加拿大，整整 4 年，足迹踏遍加拿大的落基山脉，并把这里的著名山峰介绍给了全世界。

　　1920 年，落基山包括它的最高峰罗布森——被人征服，于是登山家们又去寻找新的山峰。加拿大最有名的登山家马卡西上尉，1913 年首次征服了罗布森峰。1925 年，他来到圣伊莱亚斯火山带，决心攀登派克峰。

　　派克峰，海拔 6050 米，是北美洲的第二高峰。派克峰以其凶险的外貌著称于世。

　　马卡西上尉在行动之前，曾与一位从事探矿的向导安得·提拉一起到派克峰周围考察。他们在巨大的冰川上跋涉了许多天，探得了登山的路线，同时，还找到几个登山中的要点处，准备用来设置营地。

　　1925 年 5 月底，马卡西上尉带着登山队正式向派克峰进发。登山队没有雇用搬运工人，每个队员都必须背负 23 千克重的东西。他们顶着暴风雪前进在冰雪覆盖的路上。风雪肆虐，他们只能看见前方 1 米距离内的路面，有时一阵冰雪刮来，一下子把他们埋到了胸部。队员们没有一个气馁。就这样，他们以不屈不挠的精神攀登了 40 天。

在海拔 5640 米的地方，他们按计划扎下最后一个营地。这里距离峰顶只有 400 米，但山势非常险峻，这短短的 400 米的路程竟让他们花了整整 1 天的时间。最后，他们胜利地登上了峰顶。

一阵狂喜之后，他们开始下山，他们这时才发现下山的路比上来时更难走。时间已是晚上 8 点多钟，漆黑的夜色，猛烈的狂风，使得他们的双眼根本看不见东西。他们在暴风雪中摸索着下山。天亮的时候，他们以为快到山下的营地了。可是定眼一看，却发现自己又回到了山顶上。这时，他们累得腰酸背痛，四肢乏力，有的队员手臂也抬不起来，每个人的两个脚踝都肿得像面包似的。

为了振作士气，马卡西上尉开玩笑地说："勇士们，应该高兴啊，我们创造了两次登顶的奇迹。"马卡西上尉的乐观精神感染了每一个队员，他们又重新站立起来，继续与风雪搏斗了两天两夜，在第三天终于回到了山下。

登山史学家阿纳鲁多·朗对马卡西上尉这次探险给予了很高的评价。阿纳鲁多·朗说："马卡西上尉一行的勇气和耐力，实在令人赞赏，以后恐怕再也没有类似的英勇行为了。"

▶👁 征服南美洲高峰

➡◎ 军队登山与殖民侵略

对于以前居住在墨西哥山地的印第安人来说，曾被他们视为神灵住所的"烟峰"，在印第安人与西班牙殖民者的战争中，扮演的是一个不光彩的角色。

"烟峰"，就是指波波卡特佩特尔火山，是墨西哥的间歇火山。它位于墨西哥首都墨西哥城东南 70 多千米处，海拔 5452 米，最近一次活动是在

2002 年 7 月 9 日。这座火山是墨西哥第一高峰。整座火山是非常规则的圆锥形，但是火山口的形状却非常不规则，终年被水蒸气和火山灰覆盖。顶峰终年积雪，东坡有冰川。火山口直径 800 米，深 150 米，内有含硫黄的沉积物。

1519 年，西班牙殖民者的军队侵入墨西哥。这些掠夺者，凭借严密的组织、良好的训练和先进的武器，残酷地屠杀印第安人，抢劫他们的土地和财产。到 1521 年，绝大部分的印第安部落都已遭到毁灭。但是，位于特诺奇蒂特兰的阿兹特克印第安人却依旧坚强地守卫着他们的国土。阿兹特克印第安人凭借它在地理位置上的有利条件和远远超过其他印第安部落的军事力量，保持了墨西哥印第安民族的最后尊严，使得西班牙军队不敢轻易冒犯它。

拓展阅读

印第安人

印第安人，是对除爱斯基摩人外的所有美洲土著居民的总称。美洲土著居民分布于南北美洲各国，传统将其划归蒙古人种美洲支系。印第安人所说的语言一般总称为印第安语，或者称为美洲土著居民语言。

1521 年，西班牙军队的指挥官科尔特斯终于按捺不住侵略的野心，十分蛮横地向阿兹特克印第安人提出了挑战。科尔特斯相信自己军队的战斗力和武器性能，却低估了阿兹特克印第安人的力量。战争持续的时间要比科尔特斯想象的长得多。西班牙人不但未能获得大的进

波波卡特佩特尔火山

展，而且，他们的火药很快用光了。

科尔特斯明白，没有火药，火枪只是一根不顶用的棍子，火炮则完全是一堆废铁。西班牙军队将在骁勇善战的阿兹特克印第安人面前不堪一击。他们或许会被赶下大海，甚至还会被削下头皮，作为阿兹特克人印第安祭祀神灵的祭品。

在军营里，科尔特斯背着手，毫无目的地来回踱步，急得就像热锅上的蚂蚁。他实在想不出什么办法来改变这个局面。然而，科尔特斯不甘心自己这支在整个欧洲都享有盛名的军队，毁灭在这里。

一名士兵向他报告：制作火药的工作没有什么希望，因为没法搞到硫黄。

科尔特斯大发雷霆，把这名士兵与其他士兵痛骂了一顿，然后心烦意乱地挥挥手，让这些被他痛骂的部下统统地退到自己看不见的地方去。

傍晚，科尔特斯走出军营，仰望着远方在红色霞光映照下的群山，不由得发出一阵叹息。往日的征服愿望，此时已被无可奈何的情绪和恐惧心理所代替。眼前的山峰，根据印第安人的说法，是一座有神灵居住的山，是一座"会喷火的山"。忽然，一个念头在科尔特斯的脑海里闪过："会喷火的山"，也就是说，是一座火山，而在火山口的附近，往往可以找到硫黄。想到这里，科尔特斯不由得来了精神，他立即下令全体官兵做好准备，他要率队去攀登这座"会喷火的山"。

第二天，这支庞大的西班牙军队出发了。在科尔特斯的喝令下，士兵们不敢怠慢，他们呼呼地喘着粗气，一脚深一脚浅地踏过雪线，跋涉在冰雪覆盖的山坡上。

这座山峰的海拔高度虽然超过 5000 米，却没有任何险峻的地段。它的斜面非常缓和，使得这支西班牙军队中的一些人顺利地到达了顶峰。

他们果然在山顶的火山口附近找到了大量的硫黄。西班牙军队得到了至关重要的补充，这样，战局发生了根本性的变化。不久，阿兹特克印第安人便在西班牙人的火枪火炮攻击下灭亡了。

当然，当时的科尔特斯所关心的不是登山本身，他并不知道，他的军队竟然创造了一项早期的登山纪录。

硫　黄

硫黄别名硫、胶体硫、硫黄块。外观为淡黄色的脆性结晶或粉末，有特殊臭味。硫黄不溶于水，微溶于乙醇、醚，易溶于二硫化碳。作为易燃固体，硫黄主要用于制造染料、农药、火柴、火药、橡胶、人造丝等。

◎ 世界最高的活火山——科托帕克希

严格地说来，科尔特斯他们所攀登的山峰处在安第斯山脉向北延伸的高原上。尽管它具有 5452 米的海拔高度，具有像日本富士山一样的美丽外形，但是，这些都引不起职业登山家们的兴趣。因为这些山峰的坡度太缓了，无法给登山家们提供历险的乐趣。

登山家们感兴趣的是安第斯山脉的本身。这座世界上最长而不中断的山脉，以它无数峻峭的险峰吸引着登山者。

1700 年，一支由法国与西班牙联合组成的登山探险队来到南美洲，他们代表西欧人第一次跨出了向安第斯山脉宣战的步伐。这支由布盖尔和拉肯达米奴两位科学家率领的登山队伍，成功地登上了赤道南端的厄瓜多尔山。

科托帕克希火山是一座位于厄瓜多尔中部安第斯山脉的活火山，高约 5900 米。它是世界上最高的火山。

拓展阅读

厄瓜多尔

厄瓜多尔，原为印加帝国的一部分。1532 年，它沦为西班牙殖民地。1822 年，它彻底摆脱了西班牙殖民统治。1825 年，加入了大哥伦比亚共和国。1830 年，大哥伦比亚解体后，它宣布成立厄瓜多尔共和国。它的首都基多位于皮钦查火山的山麓，高达 2850 米的海拔，使该市成为全世界第二高的首都（仅次于玻利维亚首都拉巴斯）。

1802 年，德国的科学家和地理学家赫伯特来到厄瓜多尔山，目的是为了登上科托帕克希（海拔 5900 米）和钦博拉索（海拔 6272 米）两座火山。但是，赫伯特费了九牛二虎之力才勉强到达钦博拉索火山海拔 5800 米的地方。他望着高高在上的顶峰，无可奈何地耸耸肩，承认自己失败了。

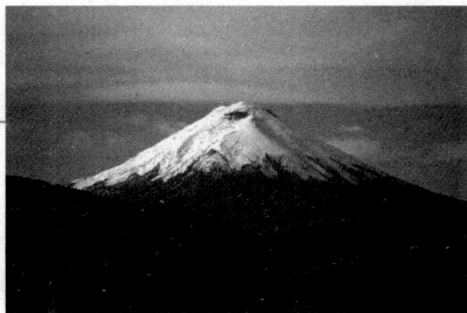

科托帕克希火山

又过了整整 70 年，赫伯特的继承者，德国人赖斯和艾斯寇巴鲁终于登上了科托帕克希这座世界上最高的活火山。

◎ 钦博拉索山

1880 年，原来在马特宏峰上展开争夺战的老对手温巴与卡烈尔都已 40 多岁了。这两位分别来自英国与意大利的登山英雄，联合组建了登山队来到厄瓜多尔。

温巴与卡烈尔先在厄瓜多尔较为平坦的山上进行探索性攀登。等到完全适应了南美洲的气候之后，他们才鼓起勇气，向钦博拉索山的顶峰进军。依照当时的观点，钦博拉索山误认为是世界最高峰。所以，他们的准备工作进行得全面而慎重。

南美洲厄瓜多尔的钦博拉索山位于安第斯山脉西科迪勒拉山，是厄瓜多尔最高峰。它是一座休眠火山，有许多火山口，山顶多冰川，在约 4694 米以上，终年积雪，所有山路均被冰雪封闭，攀登者每走一步，都是在开辟新路，都有生命危险。

钦博拉索山

温巴与卡烈尔同心协力，钦博拉索山终于被征服了！这也是他们登山生涯中的高度纪录。

温巴与卡烈尔的成功在当时来说是很值得骄傲的。他们的攀登高度纪录在南美洲整整保持了 25 年。尤其让他们高兴的是：经过一番曲折以后，两位老朋友终于在 6000 多米的高峰上握手言和了。

◎西半球顶点——阿空加瓜峰

安第斯山脉纵贯南美洲大陆西部，长约 8900 千米，是西半球高耸的脊梁，也是地球上最长的山脉。安第斯山脉的顶端，是由一连串的雪峰排列而成的白练。它的周围，充满了神秘的声音和离奇的传说。

安第斯山脉似一条迷人的魔带，吸引着大批的探险家，也吸引了无数的登山好手们。安第斯山脉的最高峰阿空加瓜峰，被登山家们称为"西半球的瞭望台"。

阿空加瓜峰位于阿根廷与智利两国边境，它具备了最不利于登山的三个条件：疏松的岩质、猛烈的寒风和稀薄的空气。

阿空加瓜峰顶尽管冰雪较少，但是强烈的山风却从不间断。加上山上的空气十分稀薄，使攀登阿空加瓜峰的登山家都有这样的强烈感受：他们的每一次呼吸，都是在与寒风的殊死搏斗中完成的。

阿空加瓜峰

1896 年底，英国登山家费茨杰拉德率领登山队来到阿空加瓜峰下。费茨杰拉德在两年前与向导楚·布里根通力合作，攀登了新西兰的达斯曼峰和协荷东峰。这一次，费茨杰拉德的登山队中除了楚·布里根之外，还有英国登山家温兹和意大利向导兰拉等，可谓兵强马壮，人才济济。

他们第一个必须解决的问题是：该在哪里扎下营地。这个问题让登山家们忙碌了好几个星期，直到 1897 年的新年快来到之时，费茨杰拉德一行才在高约 4300 米的荷空冰川上，找到了适合他们扎营的地方。从荷空冰川营地到阿空加瓜峰顶，还有 2800 米的陡峭路程。狂风在这一带为所欲为，卷走了成千上百吨的冰雪，还把疏松如沙的岩壁赤裸裸地暴露在阳光之下。攀登者在这样的岩壁上攀登，一不小心就会随着岩沙滑落而送命。

从荷空冰川出发不久，登山队里的一些人就开始脸色灰白，四肢瘫软，体力明显不支了。费茨杰拉德只好让他们退出攀登的行列。庞大的登山队只剩下了五六个人。这五六个人鼓足勇气坚持到 1897 年的 1 月 14 日。这一天，他们准备向最后的目标冲击。

到了页岩区，山峰的斜面坡度缓和起来，疲惫不堪的登山队员慢慢地向上攀登。离山顶还有 1000 多米的时候，全队人都得了高山病。这种病是随着高度的增加，人体内缺氧影响血液循环而诱发的。他们的体力开始衰竭，出现呕吐、气喘，甚至变得神思恍惚。

费茨杰拉德等人如喝醉了酒，身体摇晃不定。但是，无情的寒风仍不放过他们，一股股强风向他们猛袭过来。他们以最大的毅力忍受着这一切，坚持攀登。他们每前进四五米都得花上几个小时，而且连续四次都被强风击退。

当天空稍稍放晴，他们又开始第五次冲击。这一次，他们到达了离山顶 300 米的地方。

胜利在望，费茨杰拉德决定停下来休息和用餐，养足精神后再一举登顶。然而，这是个极其错误的决定，就是这个决定使费茨杰拉德抱憾终生。

这里，海拔在 6600 米以上。由于筋疲力尽，加上高山病，费茨杰拉德和其他几个人用完餐后，就再也站不起来了。

"天哪，峰顶就在眼前，而

拓展阅读

页 岩

页岩是一种沉积岩，成分复杂，但都具有薄页状或薄片层状的节理。它主要是由黏土沉积经压力和温度形成的岩石，但其中混杂有石英、长石的碎屑以及其他化学物质。

我不得不放弃攀登，这太不公平啦"费茨杰拉德喟然长叹。他喊叫着，"不行，不能这样，我还得向上，向上！"

老朋友楚·布里根阻止了他。楚·布里根出于对费茨杰拉德生命的考虑，决定让温兹与兰拉护送费茨杰拉德下山，自己则单枪匹马地向山顶冲击。

"放心吧！亲爱的费茨杰拉德，"楚·布里根说，"我一定会征服阿空加瓜峰，替你教训这个冷酷无情的家伙！"这时候，楚·布里根也已精疲力竭。为了实现夙愿，为了好朋友费茨杰拉德，这位瑞士向导以惊人的毅力挣扎着，挣扎着……终于，他爬到了山顶。他把冰镐插在雪地里，让它留在这西半球的顶点上。

一个星期以后，温兹和兰拉也紧随着楚·布里根，攀上了这个西半球的瞭望台。

伊利马尼峰

费茨杰拉德登山队在安第斯山脉创造了 20 世纪罕见的英雄业绩。然而，十分遗憾的是，这支英雄队伍的领导者费茨杰拉德本人，却没有能加入到最后征服者的行列之中。

费茨杰拉德登山队的事迹极大地鼓舞了英国国内的登山好手。他们抱着建功立业的志愿，远涉重洋，来到了被欧洲人称之为"新大陆"的美洲。这其中有一支是由康威爵士率领的英国登山队。他们沿着费茨杰拉德登山队开创的路线登上了阿空加瓜峰，接着，又向屹立于玻利维亚首都拉巴斯背后的山峰伊利马尼峰进军。

伊利马尼峰是安第斯山脉在玻利维亚境内的最高峰，海拔高度为 6882 米，是一座至今仍被认为最难攀登的山峰之一。

康威爵士的登山队历尽艰险才来到被冰雪覆盖的山脊上。这时，被雇来搬运物资的工人却怎么也不肯前进了，他们说嗅到了死神的气息。

物资的运送，是登山队的生命线。眼看着康威爵士的登山努力就要前功尽弃，这时，队里的向导安多瓦奴·纳其斯纳和路易培里挺身而出，自愿担任搬运工。这样，登山队又可以前进了。最后，他们如愿以偿，站立在伊利马尼峰的顶上。

◎ 女英雄安妮

阿空加瓜峰和伊利马尼峰被征服以后，新的登山热潮席卷南美洲大陆。在这个热潮中，涌现出许许多多的登山英雄，其中包括著名的女英雄安妮·培克。

在世界登山史上，安妮·培克要算是一位最富有传奇色彩的女性了。1895 年，已经 45 岁的安妮·培克去欧洲旅行。她在路过阿尔卑斯山区的时候，顺便登上了著名的马特宏峰。从此，这位美国女教师便爱上登山，每年假期，她总要去著名的山区领略登山之乐。登山一般观念上属于男子汉的事业，竟然成为安妮·培克生命中的一部分了。

1908 年，58 岁的安妮·培克长途跋涉来到秘鲁。她决定攀登处女峰——瓦斯卡兰山的主峰。当时，人们还不知道这座巨峰的准确高度。

瓦斯卡兰山

瓦斯卡兰山的主峰是一座双耳峰，联系两峰的山脊到处布满了有深深裂缝的巨型冰川。安妮·培克经过考虑，毅然选择要跨越冰川的困难路线。为了这次登山，她做了充分的准备，并且还雇用了经验丰富的瑞士向导陶克瓦鲁达兄弟卡普里爱鲁·陶克瓦鲁达和鲁多尔荷·陶克瓦鲁达。

安妮·培克的行程开始进行得异常顺利，但是在到达海拔 3350 米的高度时，鲁多尔荷·陶克瓦鲁达得了严重的高山病，安妮·培克不得不让秘鲁的搬运工人把他送下山。

安妮·培克和卡普里爱鲁·陶克瓦鲁达没有因为鲁多尔荷的中途退场而灰心。相反，他们以更大的勇气继续攀登危险的冰壁。穿过松软而深厚的积雪区，跨越深邃而危险的裂缝口，他们登上了陡峭的斜面。

当他们设置第三个营地时，安妮·培克发现，已经接近山脊的顶部。在他们的前方，有座坡度在80°以上的冰壁蛮横地阻挡住了去路。

"当心了，安妮·培克小姐。"卡普里爱鲁·陶克瓦鲁达提醒道，"我们碰到大麻烦了，前面是一堵足以吓倒男子汉的冰墙，不，应该说是一面大镜子。"

"大镜子?"安妮·培克豪放地大笑起来，"卡普里爱鲁·陶克瓦鲁达，亲爱的，你难道不知道大镜子正是为女人准备的吗?"

在这"大镜子"的光滑"镜面"上，真正的冒险开始了，他们每上去一步，都必须在冰面上凿出一个踏脚处。可以说，这种攀登，就像每时每刻都在用性命同魔鬼打赌。

他们就这样一步一步地爬行了整整4天，终于到达海拔6100米的高度。

太阳照射着积雪的山梁，乍一看去，恰似连绵起伏的波浪。在"波浪"的两边，耸立着瓦斯卡兰山的两个主峰。

"安妮·培克小姐，我们该攀登哪一个山头呢?"

"我选中了北边的那个，卡普里爱鲁·陶克瓦鲁达，你看它是不是更高一点呢?"

第二天早晨，安妮·培克与她的瑞士向导一同向北峰进发。凛冽的寒风迎面袭来，他们俩的身体不由自主地摇晃起来。

卡普里爱鲁·陶克瓦鲁达专心致志地在冰壁上凿着踏脚处，突然，他全身颤抖起来。安妮·培克发现，她唯一的搭档，此刻也处在高山病的折磨之中。安妮·培克遥望峰顶，发现还有好几百米的冰壁，要继续前进已力不从心。

卡普里爱鲁·陶克瓦鲁达的病情越来越严重，他们的粮食也快完了。无可奈何之下，安妮·培克只好陪同卡普里爱鲁·陶克瓦鲁达离开了这座山。

然而，仅仅过了10天，安妮·培克这个性格坚强的女性决心对瓦斯卡兰山发起第二次冲击。陶克瓦鲁达兄弟此时也都恢复了健康，他们立下誓言：一定要征服瓦斯卡兰山。

由于路线已经熟悉，他们第二次攀登到山脊下冰川所花的时间，还不到上回的一半。他们很快越过冰壁，再一次来到南北两峰之间的鞍部，设置了最后的宿营地。

第二天阳光普照，他们按计划向北峰冲击。天气看来虽好，但依然相当寒冷，他们用来御寒的衣服显然过于单薄。离北峰的顶峰只有几米了，三个人精神大振，准备最后的冲刺。这时，安妮·培克发觉自己的左手已失去知觉，她连忙用右手取下左手的手套，哇，左手白森森的十分吓人。显然，这只手已经冻伤了。安妮·培克为了最后的胜利，没有理会自己的左手。她用右手撑地，一步一步地向峰顶爬去。终于，她征服了瓦斯卡兰山北峰。

瓦斯卡兰山没有像安妮·培克希望的那样高达海拔 7300 米，但是，在 1908 年以前的登山纪录上，安妮·培克作为一名女性，能够征服海拔 6768 米的巨峰，不能不说是一个创举。

◎ 发现马丘比丘

秘鲁境内的安第斯山脉，是南美洲古文明的发源地，一座座山地间的神秘建筑，构成了人类文明史上的绝响。

在一片荒凉而又难以接近的高地上，坐落着印第安文化的最后代表——印加古文明帝国的遗址。1500 年，西班牙人为了开采黄金而攻打印加帝国。现在，还能看到当年入侵者所设的要塞和著名的马丘比丘遗迹。

拓展阅读

马丘比丘

马丘比丘在奇楚亚语是"古老的山"之义，也被称作"失落的印加城市"，是保存完好的前哥伦布时期的印加遗迹。马丘比丘是南美洲最重要的考古发掘中心，也是秘鲁最受欢迎的旅游景点。由于独特的位置、地理特点和发现时间较晚，马丘比丘成了印加帝国最为人所熟悉的标志。

印加古文明的神秘魅力，不断地把各类登山者吸引到秘鲁的安第斯山脉中。1950 年，美国登山家哈拉和马兹克斯威鲁来到耶鲁帕哈山（海拔 6632 米）。

耶鲁帕哈山攀登的难度是举世闻名的，人们常以"肉店"来称呼耶鲁帕哈山，因为它的峰顶很像肉店里使用的刀子，长长的呈锯齿状，而"锯齿"两边的山面都是垂直的冰壁。

哈拉和马兹克斯威鲁攀登耶鲁帕哈山的经历，颇似安妮·培克与陶克瓦鲁达兄弟攀登瓦斯卡兰山的情形。他们耗尽精力，登上了峰顶。当时，正值夜晚，他们无法下山，在这酷寒的深夜里被困在峰顶达 12 小时。第二天，当他们回到营地后发现都被冻伤了，哈拉因此失去了全部手指与脚趾。

你知道吗

冻 伤

冻伤是一种由寒冷所致的末梢部局限性炎症性皮肤病，也是一种冬季常见病。冻伤以暴露部位出现充血性水肿红斑，遇高温时皮肤瘙痒为特征，严重者可能会出现患处皮肤溃烂等现象。该病病程较长，冬季还会反复发作，不易根治。

1970 年，英国登山家远征艾鲁多罗山。他们饱尝到登山的艰辛之后，意外地发现了一架 16 年前失事的飞机。1954 年，这架载有 29 名乘客和价值 10 万美元的黄金的飞机，撞到了艾鲁多罗山，并坠落在峰顶。

在更早一点的 1912 年，美国的登山家兼考古学家宾海姆，也被秘鲁古文明所诱惑，登上了科罗普纳峰（海拔 6613 米）。那次登山宾海姆也是九死一生，但值得庆幸的是他发现了马丘比丘遗迹，从而证明了这座山在印加文明史上的重要地位。

马丘比丘是美国耶鲁大学教授宾海姆发现的，这次神奇的探险发生在 20 世纪初。

当年，宾海姆骑着一匹骡子跋涉在安第斯山脉的无数条羊肠小道上，决心寻找这座无人知晓的异邦古城，最初的努力毫无结果，随行者无不大失所望，但宾海姆义无反顾，仍然勇敢而又充满信心地探索下去。

1911 年 6 月，宾海姆决定做最后一次旅行。他和两位科学家住在距库斯科 6 天行程的乌鲁班巴河畔一家旅店里。店主人对他们说，马丘比丘山中的瓦伊纳皮克丘山顶有片废墟。宾海姆大喜过望，兴奋异常。

第二天，清晨，天正下雨，同行的科学家不愿出行。宾海姆只好独自前往，由店主人和一位

科罗普纳峰

士兵陪同开始攀山。风雨交加，地势陡滑，林木茂密，野兽出没，旅途十分艰险。中午时分过了乌鲁班巴河，天气炎热起来，当地印第安人用番薯做了一顿丰盛的午餐招待来客。饭后，宾海姆由一个小伙子陪同继续攀登，终于到达山顶。

宾海姆睁大惊奇的双眼，透过浓密的树林，一点一点地发现了古城的城墙、庙宇和广场。这样，经过数百年之后，印加古城的遗址终于又重新展现于世人面前。

当宾海姆发现这一古迹时，他被眼前见到的一切惊呆了，立即把自己的最初感觉记录下来："我这才开始认识到，这里的城墙和它周围合成半圆形的庙宇，是世界上最美的石方工程。它们简直令我不敢相信自己的眼睛！"他确信自己已成功地找到了盛传的印加人最后的避难所。自从西班牙殖民者从其首都库斯科赶走了他们的印加帝王之后，他们在这里幸存了 36 年。

美国耶鲁大学对这一发现甚感兴趣。一年后，宾海姆组织了

马丘比丘

一支考察队，开始对马丘比丘古城进行发掘和研究，逐步揭开了这座云中古城的神秘面纱。

帕米尔——挑战 7000 米

亚洲的帕米尔高原，是喜马拉雅山脉向西北延伸的山域。对于从欧洲来的登山者来说，踏上帕米尔高原，就等于踏上喜马拉雅山的第一个台阶。

当欧洲的"阿尔卑斯运动"爱好者们翻越高加索之后，东方的奇观让他们目瞪口呆。哦，这些伟大的山峰，竟然会有海拔 7000 米的高度。

在此同时，前苏联的登山好手们也在高加索森林和帕米尔雪峰下的登山营里进行强化训练，一个真正的高山登山运动时代开始了。

◎ 前苏联的登山学位证书

在历史上，高加索人和帕米尔人都有过攀登高山的经历，但是，登山真正成为一项运动，却是俄国十月革命成功之后苏维埃政权下的产物。

现代的登山运动，有关于登山"困难度"的划定。许多有名的登山家正是以"困难度"来制订登山计划的，这种"困难度"的划定制度，以前苏联为最严格。

在这种制度下，前苏联体育界在高加索和帕米尔地区建立了许多所登山学校。这些学校教授的是有关登山运动的各种专门课程。在严格的教育下，登山运动成为一门高度精密化的学科。除了登山学校以外，前苏联还建立了与之配套的登山营、登山训练场、登山训练等级制度与登山家的等级评定制度。

过去曾经被看作难以攀登的艾鲁波尔斯峰，在划分了"困难度"之后，就开辟为一个训练场所，每年都有数队青年男女运动员来此接受实际锻炼。同时，前苏联登山界每年都要举办攀岩比赛。比赛方法是，先让参赛者观看他们从未见过的岩壁的照片，由他们自己选择攀登路线，然后，比赛开始。

在比赛过程中，不准更换选定的路线，否则将作为犯规处理。

在这些系统化的训练中，每一个登山队员都必须连续突破竞技上的困难，身怀各种绝技。只有经过各种严格的考试，被认定合格之后，才能领取"登山学士证书"。如果有哪位运动员攀登了被认定是超过他自己实力之上的高峰，那么，不仅不会受到奖赏，相反，只会因违反规定而受到处分。

与西方国家某些初学者不顾一切贸然前往危险的高山的做法相比，前苏联登山界的训练方式有着较大的科学性和优越性。也正因为如此，从前苏联建立一直到 20 世纪 50 年代初，起步较晚的前苏联登山运动，赶上了当时世界登山的先进水平，他们在征服高加索和帕米尔的登山活动中，创造了让西方各国登山界吃惊的好成绩。

前苏联的这种培养登山运动员的方式，也影响了东欧国家以及中国登山运动，并为这些国家登山运动水平的提高，提供了宝贵的经验。

◎ 列宁峰和斯大林峰

在前苏联境内的帕米尔艾莱山区，考夫曼峰（海拔约 7134 米）一直被认为是这个山区的最高峰。

1907 年，英国登山队员特·朗格斯在其他 3 名队友的协助之下，曾经征服了喜马拉雅山麓的特里苏尔峰。但是，在以后的 20 年里，登山家们没有再创造过海拔 7000 米以上的高度纪录。

1928 年，一支由前苏联与德国联合组成的登山队，十分成功地征服了考失曼峰，并将考夫曼峰改名为列宁峰。这些狂喜的登山家们以为，他们所征服的列宁峰，是帕米尔的最高点。

然而，仅仅过了 4 年，人们又测知，

列宁峰

就在这个艾莱山区，还有一座山峰比列宁峰高出 161 米。1933 年，前苏联登山家以巨大的勇气和毅力征服了这座海拔约 7595 米的新盟主峰。他们以前苏联领袖的名字把这座山峰命名为斯大林峰。

斯大林峰，位于中亚，前苏联解体前为前苏联最高峰，现位于塔吉克斯坦境内，是塔吉克斯坦最高峰，属于帕米尔高原一部分。斯大林峰现在称作伊斯梅尔萨马尼峰。

一些西方的登山家们也想领教斯大林峰的厉害。当时，英国人已经有攀登世界最高峰珠穆朗玛峰的纪录，但对于斯大林峰他们还是不敢大意。他们在向斯大林峰发起挑战的时候，主动提出与前苏联登山界联合组队。在正式攀登斯大林峰之前，两国的登山家在严寒地区进行适应性热身活动后，先征服了比斯大林峰稍低的卡尔摩峰。

尽管准备得十分充分，但是，斯大林峰依然让登山队员特别是英国登山家付出了血的代价。他们在零下 30℃ 的酷寒中艰难地向上爬行，忍受着冷风和雨雪的击打。在攀登一座险峻的雪崖时，英国登山家罗宾·史密斯和威尔弗利德不幸失手，坠下了 1200 米高的悬崖。欧布提尼寇夫和汉特亲眼目睹了这场惨剧，悲痛极了。

高度已超过 7000 米了，空气稀薄得临近人能生存的极限。欧布提尼寇夫与汉特每前进一步都得停下来急促地喘气。最后他们还是登上了斯大林峰。

1974 年，前苏联登山界在列宁峰举行了大规模的国际登山活动，邀请了英国、美国、法国、日本、意大利、奥地利等国登山队在列宁峰下建立了"帕米尔 74"登山大本营，同时，又组织了由 8 名女运动健将组成的女子列宁峰登山队。结果，在一些国家运动队相继登顶的时候，列宁峰的一侧发生了罕见的大雪崩，8 名前苏联女运动员全部葬身在雪崩之中，无一幸免。

斯大林峰

🔎 世界之巅——喜马拉雅山脉

在我们所处的世界上，再也无法找出能与喜马拉雅山脉相匹敌的山脉。这里，耸立着数千座能与安第斯山脉、帕米尔高原相比的山峰；这里，更存在着比安第斯山和帕米尔高原高出千米的奇观。在喜马拉雅山麓，海拔 8000 米以上的高峰竟然能找到 14 座。

喜马拉雅山脉不仅在高度上压倒地球上的所有其他山峰，而且，它所盘踞的范围也大得惊人。喜马拉雅山脉雄踞中亚广阔的高地，绵延不断、重重叠叠的山峰，屹立在中国西藏、尼泊尔、不丹和印度北方的大部分地区。被喜马拉雅山脉所经过的国家和地区，其海拔均在 4500 米以上。因为受季风的影响，这些地方不断地遭受强风和冰雪的侵袭，境内的道路在一年之中除几个月外，大多数时间无法发挥作用。住在这个高地的农夫、牧人，由于交通上的困难很少与外界联系。

数千年来，有着独特的山地文化传统的喜马拉雅山区居民们，一直对屹立在他们周围的巨峰抱有崇高的敬意。他们认为，巨峰那高不可攀的气势和隔绝人迹的险峻，其本身便是神圣不可侵犯的象征。他们相信，这里的每一座山上，都居住着神灵。

喜马拉雅山脉从东到西，它拥有长达 2500 千米的冰川与雪峰。陡峭山峰，万仞冰川，地面被深深切割，峡谷深不见底。直至今天，这个雄伟的山脉仍在继续着造山运动，从而

拓展阅读

尼泊尔

尼泊尔为南亚山区内陆国家，位于喜马拉雅山南麓，北邻中国，其余三面与印度接壤。尼泊尔是亚洲的古国之一。在公元前 6 世纪，尼泊尔人就已在加德满都河谷一带定居。尼泊尔国会于 2008 年 5 月宣布废除君主制。尼泊尔语是尼泊尔的官方语言。

引起强烈的河流侵蚀和轰轰烈烈的大面积山崩。从南到北，它包括 4 条并行的山带：外喜马拉雅山、小喜马拉雅山、大喜马拉雅山、泰迪斯喜马拉雅山，其中，大喜马拉雅山是山系的骨干部分，耸立于永久雪线之上，拥有 9 座海拔 8000 米以上的高峰。

当西方的探险者来到喜马拉雅山脉地区时，深为这雄伟壮观而又肃穆庄重的伟大山系所感动，他们感到有一种神奇的力量在向他们召唤。

◎珠穆朗玛峰

耸立于中国和尼泊尔交界处的喜马拉雅山主峰——珠穆朗玛峰，以海拔 8844.43 米的高度当之无愧地成为世界第一高峰。它峭拔冷艳，俨然如喜马拉雅山脉的一枝雪域奇葩；而关于它的传说，更使它蒙上一层传奇色彩，成为古往今来我国藏族同胞顶礼膜拜的神山。

据说，在很早以前，珠穆朗玛峰附近还是一片无边的大海，而珠穆朗玛峰脚下是一片花草茂盛、蜂蝶成群的沃野。一天，突然来了一个五头恶魔，扬言要霸占这片水土丰饶的宝地，于是他大施淫威，把大海搅得浪涛翻滚，森林毁坏得面目全非，花木也都摧残得散落凋零。一时间，一块富饶肥沃的土地就变得满目疮痍。正当这里的鸟兽走投无路、坐以待毙，草木呜咽、无计可施时，从东方飘来一朵五彩祥云，祥云变成五位仙女来到这里，她们施展其无边法力，降服了五头恶魔，顷刻，大海变得风平浪静，沃野重新生机勃勃起来；鸟兽欢腾，草木比以前更加苍翠。大家对这几位仙女万分感激，众仙女见大功已告成，正欲归返天庭，却无奈众生苦苦哀求，乞望她们永远留下来，降福于人间，和他们共享太平。众仙女见大家的要求如此恳切，而且在这段时日里，也爱上了这里的众生和这片土地，于是欣然答应

珠穆朗玛峰

留下。她们喝令大海退去，使东边森林茂密，西边万顷良田，南边草肥林茂，北边牧场无垠。而后，五位仙女变成喜马拉雅山脉的五大高峰，永驻人间，其中最高的一座就是珠穆朗玛峰。

当然，这只是关于珠穆朗玛峰的一个美妙传说，有史料记载，最早发现并熟悉珠穆朗玛峰的是我国藏族同胞和尼泊尔人民。1717 年，中国清政府派出测量人员在珠穆朗玛峰地区测绘地图，发现珠穆朗玛峰是世界最高的山峰。当时它被取名为"朱田朗玛阿林"，"阿林"在满语中是山的意思。同年，它被载入铜版印制的清朝《皇舆全览图》中。

正如近代人类总是试图征服地球南、北两极一样，珠穆朗玛峰这一无人世界，也以其神奇莫测的奥妙，始终是世界各地登山家、探险家和科学家心驰神往的圣地。

攀登珠穆朗玛峰只有在每年的 5 月份和 9～10 月份为宜。一是因为这期间 8000～9000 米高空的风速小于 20 米/秒；二是因为不降雪。尤其是 5 月份，这两个条件出现的概率最高。因而被认为是攀登珠穆朗玛峰的黄金季节。

攀登珠穆朗玛峰的路线有南北两条，一是从尼泊尔境内的南坡攀登，险阻相对较少；二是从中国境内的北坡攀登，北坡的自然条件比南坡复杂，气候也更恶劣，而且还有两个极难突破的艰险地带，即"北坳"和"第二台阶"。"北坳"在海拔 6670 米至 7007 米处，坡度陡峭，冰川向下滑行，冰裂缝纵横交错，雪崩、冰崩不时发生，被称为"连飞鸟也难以穿过的天险"。

"第二台阶"是通往峰顶的最后一道天险，岩壁陡峭，坡度平均在 60°～70°，顶部是一座 5 米高的壁立陡崖。即使能够攻克这处处艰险，登上顶端依旧凶多吉少。珠穆朗玛峰顶是一条西北—东南走向的鱼梁脊地带，长 10 余米，宽不过 1 米，脚踩峰脊，如履云端，环顾四周，云海连天。如若天气晴朗，倒

珠穆朗玛峰南坡

可以饱览 360 千米以内的大地景色；一旦天公动怒，风雪交加，峰脊则难于立足。而且峰顶常年最低气温在零下 30℃～零下 40℃，空气稀薄，含氧气量仅为东部平原区含量的 $\frac{1}{4}$。这条路线环境条件之险恶，令很多探险家也望洋兴叹。从 1921 年至 1939 年间，英国人先后 8 次派出登山队从北坡攀登珠穆朗玛峰，由于此峰之险峻，登顶始终未能成功。直到 1953 年 5 月 29 日 11 时 30 分，方有一支英国探险队由南坡登上峰顶。他们的名字是：埃德蒙·希拉里和藤卒·诺尔盖，两人分别是新西兰人和尼泊尔人。

1960 年 5 月 25 日，一个胜利的时刻终于来了。中国登山队的三位健儿以无坚不摧的气概，战酷寒、踏冰雪、斗恶风、爬冰坡，在严重缺氧的情况下，于该日 4 时 20 分由北坡登上了珠穆朗玛峰顶，第一次完成了人类由北坡征服珠穆朗玛峰的使命，在世界登山史上为中国谱写了新的篇章，也为世界登山史创造了奇迹。

珠穆朗玛峰北坡

1975 年 5 月 27 日 2 时 30 分，中国的第二批登山队员又从北坡越过"北坳"和"第二台阶"登极胜利，使我国的五星红旗在世界最高峰上高高飘扬。这次登顶的除 8 名男队员外还有 1 名女队员，其阵容之大，世界从无先例。而且，这次登顶还是一次有意义的综合科学考察活动。在登山队员的配合下，中国科学工作者对珠穆朗玛峰的精确高度进行了测量。我国运动员在珠穆朗玛峰竖起了一个 3 米高的红色金属觇标，在海拔 5600～6300 米分别有距峰顶 7～21 千米的 10 个控制点，同时对峰顶上的觇标进行平面和高程交绘测量，当时所得的高度是 8848.27 米，校正了过去人们很久以来所使用的 8882 米的说法。此外，登山队员采集了大量的岩石和化石标本，对研究珠穆朗玛峰和整个喜马拉雅山脉的沧桑演变，具有极其重要的价值。

知识小链接

化 石

由于自然作用在地层中保存下来的地质时期生物的遗体、遗迹，以及生物体分解后的有机物残余（包括生物标志物、古 DNA 残片等）等统称为化石。化石分为实体化石、遗迹化石、模铸化石、化学化石、分子化石等不同的保存类型。

1990 年 5 月 7 日至 10 日，由中、苏、英三国登山队员组成的珠穆朗玛峰和平登山队，分四批计 20 人相继登上这座世界顶峰，创造了征服珠穆朗玛峰人数最多的一次世界纪录。

◎英国传教士冒险家

喜马拉雅山脉作为雪的故乡，有史以来一直是一个宁静的世界。然而，在 1624 年的一个早晨，这里却闯入了两个穿黑袍的白人。这是两个来自葡萄牙的传教士——安东尼奥·提·安多拉提神父和马纽艾鲁·马鲁克牧师。他们在 4 个月前由印度北部出发，长途跋涉来到了克什米尔北部的拉达克，他们要在拉达克建立一座教堂。西方人在雪的故乡的第一次涉猎，就这样开始了。1714 年，又有一位名叫伊茨波力多·提西提的神父来到中国西藏的拉萨。

然而，传教士们的几代努力，也没能成功，因为这里的人民有着自己的生存方式和信仰。真正把西方人大批引向喜马拉雅山区的，是英国的殖民主义政策和海外扩张要求。

在 18 世纪，当时已控制印度很大部分经济的东印度公司为了扩充势力，计划将印度的所有国境地带制成地图，于是，向喜马拉雅山区派出了探险队。这些探险队员们经过数十年的努力，考察了不丹、尼泊尔和中国西藏的许多地区，了解了喜马拉雅山脉一些地方的地形状况。1780 年，英国的孟加拉测绘局局长杰姆茨·兰内尔上尉根据这些测绘报告，制作了第一幅印度—巴基斯坦地图。

几年以后，为了更加准确地了解印度的正确地理情形，英国殖民者着手进行一项更为庞大的勘察计划：将印度次大陆制作成一幅完整的地图。在这幅地图中，将包括南亚次大陆北部长达 3200 千米的弧形山区。

这项工作在进行时已不单纯是一项科学调查工作，它本身已演变为一次相当规模的军事侵入。原因是印度北部和尼泊尔、不丹的山地居民们根本不允许白人进入他们的居住区，不允许白人干扰他们的传统生活，侵犯他们的神灵。因此，当英国勘探人员出发的时候，还配备有强大的军事力量同行。

1810 年，英国人在制造了多起流血事件的情况下，完成了尼泊尔主要山谷地图的制作，并且找到了甘几斯河的准确源头。还在喜马拉雅山的外围山峰上做了标高工作。

1823 年，埃弗勒斯被英国任命为印度测量局局长。在埃弗勒斯的策划与指挥下，英国的测绘专家们开始有系统地采用三角测量法，明确地定出印度的子午线。这种新方法的运用，不但很容易便能得出印度南北两点之间任意一处的距离，而且还可以用数学计算的方式，推算出喜马拉雅山脉所有山峰的相对位置和海拔高度。

基本小知识

子午线

子午线也称经线，和纬线一样是人类为度量方便而假设出来的辅助线，定义为地球表面连接南北两极的大圆线上的半圆弧。任两根经线的长度相等，相交于南北两极点。每一根经线都有其相对应的数值，称为经度。经线指示南北方向。

这种测量高度的科学方式，使得测量工作迅速开展。然而，埃弗勒斯指挥的勘测也受到了严重的阻挠。当时，尼泊尔政府明确宣布，禁止一切外国人进入其国境。因而，早在埃弗勒斯上任之前，英国人要进入尼泊尔是极为困难的。1812 年，威力亚姆·姆亚克罗弗和哈西的探险，是乔装改扮成僧侣后才勉强完成的。

到了 1847 年，尼泊尔政府的政策稍见松动，但是，喜马拉雅山区的居民们为了保卫神圣的山峰不受白人的侵犯，依然强烈地排斥外国人。他们竭力反对英国人的调查工作，英国当局只好改变策略，在自己控制的地区，挑选当地人进行训练。这些人在受训时学会了使用精密的测量仪器，同时掌握了测绘手段。

1852 年的一天，一名混入商人马队的受过训练的人回来向埃弗勒斯报告，在尼泊尔与我国西藏的边境线上，有一座海拔 8800 多米的山峰。埃弗勒斯将信将疑，然而，经过计算之后，证实这个消息是正确的。于是，埃弗勒斯在地图上标上了符号。他狂喜地把这个世界最高峰命名为"埃弗勒斯"峰，并作为自己所领导的测量局的一个"伟大发现"。

埃弗勒斯的测绘为喜马拉雅山引来了更多的冒险者。

1860 年，一支英国军事测绘队进入中国与尼泊尔的边境活动，并且登上了海拔 7025 米的希拉山。

1904 年，由庸赫上校统帅的英国山岳部队，则干脆用军事手段占领了中国西藏的军事重镇亚东和首府拉萨等地。

1907 年，一个英国军事登山探险队又秘密进入中国西藏与尼泊尔交界的地区，登上了海拔 7120 米的特里苏尔峰。带队的是英国陆军少校朗格斯塔夫。

从 1921 年到 1938 年，英国登山俱乐部先后 7 次派遣登山队从中国西藏境内攀登珠穆朗玛峰，每次都是由军官带队。其中，军衔最高的是少将，最低的也是少校，可见当时英国对探索亚洲高山地区的重视。

应该说，英国人最初进入喜马拉雅山区，带有很大程度的政治、军事、经济、文化等诸方面渗透的性质，其登山的目的并不仅仅是为了这项运动的发展。但是，如果仅从登山的角度来看，英国登山队里一些登山家的摸索和探险，对于登山经验的积累，对于日后人

趣味点击　　少校

少校是一些国家军队校级军官中的军衔称号。世界各国的军衔体系中均设有少校，为校官中最低的一个级别，一般为副营长的编制军衔，有的国家也规定为营长或特种兵连长的编制军衔。

类正式向世界最高山峰挑战来说，是具有很大参考价值的。

◎冲锋战法——12小时攀登2100米

从1907年到1938年，人类对喜马拉雅山脉诸多高峰的攀登，都带有探险的性质，因此，这一阶段的攀登，被人们称做"高山探险"。1907年，英国陆军少校朗格斯塔夫领导的对特里苏尔峰的攀登，标志着"高山探险"阶段的来临。

朗格斯塔夫身材不高却很结实，他蓄着一脸的大胡子，看人的时候，总习惯将眼睛眯成两条细长的缝。早在攀登特里苏尔峰之前，他的足迹已踏遍阿尔卑斯山、高加索山以及尼泊尔和中国西藏一带。尽管朗格斯塔夫有丰富的登山经验，但对于朗格斯塔夫和他的登山队来说，特里苏尔峰是个未知的世界。

他们从特里苏尔峰的西北面开始攀登，既不知道这条路线的具体情况，也不知道这个山峰的准确高度。到了海拔5200米的地方，全队人员因高山病而陷入了困境。天气酷寒，暴风雪无情，周围的能见度极低，队员们个个疲惫不堪，他们只好在附近扎了营。

晚上，在山间的帐篷里，朗格斯塔夫多么渴望有个好天气。

他们在恐怖的坏天气中度过了难熬的两天。第三天开始时，朗格斯塔夫揭开帐篷向外探视，啊！他惊喜得差点要放声大叫，暴风雪居然停息了。

朗格斯塔夫明白，用不了多久，好天气又会过去，暴风雪还将降临。于是，他命令："赶快动身吧，弟兄们，我们必须在今天完成登顶！"

"这是不可能的，少校，一天要登2000多米呢！"有人提出了异议。

"可是，这是命令，我们要么创造奇迹，要么失败！"更多的人都信心十足地支持少校。

于是，他们在严寒下，强忍着呼吸困难的痛苦，试用登山史上罕见的"冲锋战法"奋勇攀登。朗格斯塔夫和两位瑞士向导只花12小时便攀上了2100米的山崖，征服了特里苏尔峰。

朗格斯塔夫的"冲锋战法"，被当时的登山界看作是一项创举。他和他的同伴创造的高度纪录在世界登山史上保持了整整 20 年。著名专家盖尼斯·梅辛曾在他的《喜马拉雅攀登史》一书中写道："这座山（指特里苏尔峰）的高度，在当时并不确定。但是，毫无疑问，这是当时已登过的世界各山脉之中最高的一座。"

在朗格斯塔夫创造登山新高度的前后，美国登山家渥克门夫妇也来到喜马拉雅山脉。他们在 10 年间进行了多次探险，并且在几名瑞士向导的帮助下，成功地攀上了许多座山峰。然而，他们到底是登上了哪些山？那些山的高度是多少？至今依然让人议论不休。这是由于他们在对外界公布登山成果前，没有向英国的印度测量局报告，造成位置与高度上错误百出。这样，人们就无法相信他们攀登的成绩和经历的真实性了。

渥克门在白白辛苦了十几年以后，终于学乖了。1912 年，他再次来到喀喇昆仑山脉。这次他不敢草率从事，还特地带上了一位制图专家。在制图专家的协助下，渥克门不仅能具体叙述他的探险经历，而且还留下了有关这个地区冰川的详细地图。

在对喜马拉雅山脉的高山探险中，特别值得一提的是意大利著名登山家阿布鲁齐公爵。阿布鲁齐公爵，这位非凡的意大利皇室成员的足迹踏遍了世界的群峰。1897 年，他登上了阿拉斯加的圣伊莱亚斯峰，1905 年，他远征非洲的鲁文佐里山区，1909 年，他又率队攀登了排名世界第二高峰的乔戈里峰。

乔戈里峰海拔 8611 米，位于中国新疆边境的喀喇昆仑山脉上。乔戈里峰的西南、西北、东南、东北各方向，各有一条山脊，被人们形容为"四角锥的金字塔"。

阿布鲁齐公爵的登山队十分庞大，甚至包括化学家、地

拓展阅读

地　图

地图是按照一定的法则，有选择的以二维或多维形式与手段在平面或球面上表示地球（或其他星球）若干现象的图形或图像。它具有严格的数学基础、符号系统、文字注记，科学地反映出自然和社会经济现象的分布特征及其相互关系。

理学家和其他学科的自然科学家。他们先从四面八方对乔戈里峰进行勘察，并将一些冰川的观察结果制成详细的地图。最后，阿布鲁齐公爵决定从东南山脊路线向顶峰突击。

他们坚持不懈地在山脊上攀登，一直攀到海拔 7000 多米的地方。他们碰到了刀刃状的雪梁，这里离峰顶还有 1000 多米的高度。在雪梁上，他们无法找到扎营的地方。阿布鲁齐公爵一筹莫展，只得下令撤退下山。尽管这次没有登上峰顶，但却是登山家们对 8000 米以上山峰的最初尝试。后人为了纪念这位热爱登山的公爵，把他攀登过的那条山脊称为阿布鲁齐山脊。

著名的山岳摄影家谢拉也参加了这次登山活动。谢拉从许多角度拍摄了这座雄踞喀喇昆仑山上的世界上第二高峰。那些照片至今仍被认为是无可比拟的杰作，对以后的挑战者来说是十分重要的资料。

20 世纪初，在这些先驱者的影响下，登山家们都梦想征服珠穆朗玛峰、乔戈里峰、南迦帕尔巴特峰这些高不可攀的巨峰。这样，人类登山史上出现了一个最为悲壮的年代，在这个年代里，在世界最高的巨峰下，发生了一起又一起震惊世界的惨痛事件。

◎ 英国八次远征珠穆朗玛峰的失败

20 世纪初，无论是中国政府，还是尼泊尔政府，一直禁止外国人进入这个地方。当地的居民也把巨峰看作是他们民族幸福和美好未来的保护之神，只许人们在远处顶礼膜拜，根本不允许靠近，更不允许攀登。

在第一次世界大战以前，唯一成功地到达珠穆朗玛峰附近的英国人是诺尔。1913 年，23 岁的英国陆军上尉诺尔被派往印度服役。诺尔爱好摄影，尤其喜欢在山岳间寻找新鲜的东西。他经常利用休假时间，前往喜马拉雅山脉的高山探险。在好奇心的驱使下，他开始寻找通往中国西藏的路线。他带领士兵在中国西藏附近侦察，终于，他发现有一座海拔 6100 米左右的山峰没有设防。他站在山上，远眺中国西藏的山区，不由得心驰神往。回到印度后，诺尔了解到他当时站立的地方距离珠穆朗玛峰只有 64 千米。

1919 年 3 月，英国登山俱乐部理事会会长帕希·法拉在伦敦正式宣布，英国登山俱乐部将组织和筹备征服世界最高峰——珠穆朗玛峰的活动。这一雄心勃勃的挑战计划，顿时轰动了全世界。此后，英国登山队向珠穆朗玛峰先后发动了 8 次冲锋，在整整 18 年的时间里，奏响了旷日持久的悲歌。

第一次世界大战结束了，作为主要参战者的英国人，从战争的混乱中安定下来，迎来了和平的年代。在战时受到挫折的各项探险事业，又作为生活中不可缺少的新鲜东西，刺激着人们的神经。在帕希·法拉宣布组织远征队攀登珠穆朗玛峰之后不久，英国登山界成立了"埃弗勒斯委员会"，负责组成远征队和筹措所需的物资。

广角镜
第一次世界大战

第一次世界大战（1914 年 7 月—1918 年 11 月）是一场主要发生在欧洲但波及全世界的世界大战。当时世界上大多数国家都卷入了这场战争，是欧洲历史上破坏性最强的战争之一。战争过程主要是同盟国和协约国之间的战斗。德国、奥匈帝国、奥斯曼土耳其帝国、保加利亚属同盟国阵营，而英国、法国、俄国和意大利则属协约国阵营。在战争期间，很多亚洲、欧洲和美洲的国家加入协约国。中国于 1917 年 8 月对德、奥宣战。第一次世界大战以协约国的胜利而告终，并导致了奥斯曼土耳其帝国、德意志帝国、俄罗斯帝国、奥匈帝国四大帝国的瓦解，并促成国际联盟的成立。

但是，当时的尼泊尔政府依旧根据民族的惯例，绝对禁止外国人入境。

去珠穆朗玛峰的行程受到阻碍，侦察组长玛洛里为此十分焦急。就在这个时候，已经被选为远征队队员的诺尔叙述了他当时侦察喜马拉雅山的经历。他认为，完全有可能绕过尼泊尔政府设防的地区，从印度北部进入中国的西藏。

一支集中全英国优秀高山登山家的远征队绕道远行，最后到达了珠穆朗玛峰山麓。

玛洛里带领侦察组对珠穆朗玛峰四周进行详细的侦察。他们发现，珠穆朗玛峰的北、南和西各有一面巨大而厚实的岩壁，三个主要山脊构成一个巨型金字塔的形状，其中以东北山脊为最大。玛洛里认为，要登上顶峰，只能走东北山脊路线。这条路线必须沿着绒布冰川的支流向上再爬上北坳的顶部，然后设法沿着山脊登上峰顶。但是，这个计划也存在着一个大问题，这就是：要爬上北坳的顶部，一定要攀登 550 米高的危险冰壁。

经过侦察，远征队员们都认为，珠穆朗玛峰是可以登上的，但是，攀登此峰的登山家，都必须经受前所未有的严峻考验。面对海拔超过 8800 米的世界第一高峰，许多人都怀疑，在稀薄的空气下面，人即使上去了，是不是还能生存？

当时，已经发明了一种在高山上使用的氧气瓶。虽然这只是原始的初级产品，又重又笨，还时常发生故障，但英国远征队还是决定使用它。

英国人在 1921 年对珠穆朗玛峰进行的远征，实际上所完成的是对这座巨峰的侦察任务。

1922 年，经过处心积虑的安排，英国"埃弗勒斯委员会"又派出以陆军准将布鲁斯为首的远征队。这次，他们不仅仅是侦察，而且还有攀登的任务。

在这支登山队中，有诺尔上尉、T. H. 索马艾鲁博士，还有在 1907 年率领英国军事登山队创造"冲锋战法"，登上特里苏尔峰的朗格斯塔夫少校，真可谓精兵强将云集。

出发前，布鲁斯仔细分析了以前的侦察资料后，决定采取稳扎稳打的战术，慢慢地攀援而上，以便保持体力。

第一次攀登他们备尝艰苦，好不容易登上海拔 8138 米的高度，却因空气太稀薄，简直无法呼吸而被迫下山。

第二次攀登开始前，他们分析了原因进行适当的调整，并带上了氧气瓶。这样，他们打破了登山史上的高度纪录，一直攀登到海拔 8325 米处。不料，珠穆朗玛峰耍起了小脾气，用强劲的山风对登山者提出警告。狂风吹得登山队员们站立不稳，后来，他们只好后退着爬行下山。

布鲁斯毫无退缩之意，他在当地雪巴族向导和搬运工人的有力支持下，紧接着又向珠穆朗玛峰发起第三次挑战。可是，这次珠穆朗玛峰发怒了，惊天动地的雪崩使英国人连北坳的顶部都无法到达。无情的雪崩还夺走了 7 名雪巴族搬运工人的生命。1922 年的远征，因这场悲剧而归于失败。

　　1924 年，由诺顿上校率领的登山队开始了英国人对珠穆朗玛峰的第三次远征。在这支登山队中，值得一提的是玛洛里。

　　玛洛里 1886 年出身在一个英国牧师家庭，曾就读于英国有名的剑桥大学，后来当了教师。从 18 岁开始，玛洛里迷上了登山运动。在英国对珠穆朗玛峰组织的第一和第二次远征中，玛洛里充当了侦察组长和主力队员的角色。他不仅体质好，技术好，而且还有丰富的登山经验。

　　这次远征，领队诺顿上校制定了一个十分谨慎的计划。在开头的几个星期里，他首先对全体队员进行了训练，以便让队员们能适应珠穆朗玛峰的高度和气候。在训练之后，诺顿上校又将队员分为两组，一组是由部分队员，在不带氧气瓶的情况下登山；而另一组则必须背着氧气瓶登山。这一次，登山队所走的路线依旧与前两次远征相同。

**基本
小知识**

氧　气

　　氧气，空气主要组成成分之一，比空气重，标准状况（0℃和大气压强 101 325 帕）下密度为 1.429 克/升。无色、无臭、无味。在水中溶解度很小。压强为 101 325 帕时，氧气在约零下 180℃时变为淡蓝色液体。在约零下 218℃时变成雪花状的淡蓝色固体。

　　1924 年 4 月 29 日，登山队在绒布冰川东面的支流上扎营，开始实施攀登计划。但是，这两个突击组都遭到了失败。在暴风雪中，两组队员经过几个星期的努力奋战，体力消耗到了极限。而且，季风期即将逼近，如果季风一来，整个登山行动势必中断。

　　为了不浪费时间，诺顿上校当机立断，决定采用第二登山方案。这个方案规定：先由玛洛里、查理·布鲁斯和他的儿子乔弗里·布鲁斯爬上北坳顶部，在海拔 7600 多米处设立第三营地。然后，再由诺顿上校本人和索马威尔组成一组，前进到海拔 8156 米的地点设立第四营地。

　　这一次，他们创造了一个纪录：突击登到海拔 8534 米的高度。由于全队都没有带氧气，大家实在无法忍受缺氧带来的巨大痛若，只好退下来，把剩下的 300 米高度留给下一次突击。

第三次突击开始了。按照原定计划，诺顿上校让欧得尔和 22 岁的欧文担任登顶任务。欧得尔却在此时犯了高山病，诺顿上校只好让玛洛里接替欧得尔。

在正式突击顶峰之前，玛洛里在海拔 7000 米的营地给妻子写下一封信，他在信中表示"绝不会向高山屈服而撤退"，显示出他此行的勇气和决心。

1924 年 6 月 6 日，玛洛里和欧文背上重达 13.6 千克的氧气瓶从海拔 7000 米高的营地出发了。他们奋战一天到达了海拔 7600 多米的第三营地。6 月 7 日，他们又成功地到达海拔 8156 米的第四营地。

6 月 8 日，玛洛里与欧文由第四营地出发，去突击顶峰。然而，这两位勇敢的登山家再也没有回来。他们是在登上顶峰之后在下撤途中遭遇不幸的，还是在到达顶峰之前就已经遇难？是技术事故，还是因筋疲力尽而被冻死的呢？

这一连串的问题，引起了人们各种各样的推测，但都因证据不足而莫衷一是。

时隔 9 年，一直到 1933 年，英国人又对珠穆朗玛峰进行了远征。在这次远征中，登山家哈里斯和威加在海拔 8350 米的最后一个高山营地的上部，发现了一把登山冰镐。他们很容易就辨认出，这正是玛洛里或欧文 9 年前的遗物。

这一发现，使得人们对玛洛里、欧文的失踪又有了更多的推测。

从失落冰镐这一情况分析，玛洛里、欧文极可能是滚坠致死。因为稍有登山常识的人都知道，冰镐是登山家最宝贵的武器和伙伴，绝对不可能故意扔掉。于是，人们又设想如下的情节：玛洛里与欧文用绳索结组而行，突然，其中一人失脚，发生了滚坠；另一人为了腾出双手来操纵绳索以拯救同伴，便立即扔下了冰镐，不幸的是未能奏效，救援者也被同伴拖了下去……

有人根据以上设想得出结论：玛洛里和欧文是在征服峰顶后在下山途中遇难的。理由是，登山中的滚坠事件，一般都发生在下山的过程中。

到了 1953 年，希拉里和丹增从南坡首次登上珠峰之后，上述的玛洛里、欧文已经登顶之说被世人所放弃。原因是希拉里在登顶之后对北坡山脊进行了居高临下的观察。他认为，从北坡登上顶峰是绝不可能的。

如果说当年"玛洛里、欧文已登顶"的结论下得有些轻率，那么只凭希拉里的一句话就否认"登顶"说法也显得过于武断。如果玛洛里和欧文真是在下山时遇难，那么，他们俩的下山究竟是胜利登顶后的凯旋下撤呢，还是突击遇阻而不得不作出退却的呢？

玛洛里与欧文的失踪至今已 80 多年了，他们的失踪仍是一个悬案。登山界一直试图揭开这个谜，新闻界也不断以此为题材发表许多新鲜的评论。然而，不管玛洛里、欧文两位登山家是不是到达过珠穆朗玛峰的顶峰，他们都为人类的登山事业做出了杰出的贡献。

当年玛洛里与欧文的失踪，在英国国内引起很大的震动。英国政府为玛洛里举行了隆重的空棺葬礼，其规模相当于一次国葬。

从 1921 年到 1924 年，英国登山俱乐部连年挑选精兵强将远征珠穆朗玛峰，换来的却是一次又一次的失败。登山俱乐部因此损失惨重，一时难以恢复元气。所以，从 1925 到 1933 年，英国的登山界处在休整期，暂时无力派出新的远征队。但是，巨大的挫折并没有消磨掉英国登山家们的锐气，更没有使他们丧失要征服世界第一高峰的雄心，他们依然坚定不移地认为：珠穆朗玛峰是可以被人类登上的。

1933 年，经过休整的英国登山俱乐部，在广大登山家们的一致要求下，又组织起一支由 16 位优秀登山家组成的登山队，向世界最高峰珠穆朗玛峰发动了第四次远征。

这支远征队由队长赫·卢托列吉率领，依旧绕道中国西藏，使用北坡路线。但是，这次努力又没有成功。

1934 年，在玛洛里与欧文遇难 10 周年之际，英国陆军大尉威尔孙使用轻型飞机单独向珠穆朗玛峰挑战。结果，他的飞机损坏在绒布冰川附近，威尔孙本人也受了伤。威尔孙并没有因伤痛而退却，他雇用了当地的雪巴族人，在他们的协助下继续登山。可是，出发不久，他就碰上了一场特大的暴风雪。

最后，威尔孙不幸被活活地冻死在东绒布冰川上方的海拔6400米处。

绒布冰川

绒布冰川位于我国西藏的喜马拉雅山脉里。绒布冰川有两条支流：东绒布冰川和西绒布冰川。绒布冰川向北流，形成珠穆朗玛峰北面的绒布山谷。绒布冰川起源于珠穆朗玛峰。

1935年，由曾在1933年任攀登珠穆朗玛峰主力的著名登山家希普顿率领的一支7人登山队又来到北坡，但是，他们这次只坚持到海拔7000米处便告失败。

1936年，三年前遭到失败的赫·卢托列吉再次担任队长，并率队向珠穆朗玛峰挑战。遗憾的是，这支远征队也只到达了北坳的顶部（海拔7050米）。

1938年，葛·狄尔曼又率7人登山队从北坡攀登。这次，他们到达了海拔8290米的高度。后来，遭到强劲的暴风雪的袭击，他们无法立足，眼睛无法视物。最后，他们只得放弃登顶而撤退下山。

在第二次世界大战以前，英国人向珠穆朗玛峰这座世界最高峰先后发动了8次冲击，他们的鲜血与汗水换来的却是接踵而来的失败。但正是由于有了这些失败的经验，英国登山家们才有日后首登世界之巅的荣耀。事实告诉人们：取得登山胜利最重要的是精神，是那种前仆后继、百折不挠的伟大精神。

◎登上女神的圣堂——楠达德微山

在英国人宣布他们要向地球之巅——珠穆朗玛峰发起挑战之后，法国、德国、美国、奥地利、瑞士和意大利等国的登山界犹如被注射了一支兴奋剂，顿时活跃起来。

20世纪30年代，正在兴起的美国和第一次世界大战后经过恢复而重新发展起来的德国，也相继加入了对喜马拉雅山脉地区的高山探险行列。

由于当时人们对喜马拉雅山脉地区的地貌和气候等自然状况很不了解，所以，这些早期的挑战者在高山探险阶段中，演出了一幕接一幕的惨剧，付出了相当大的代价。

在 20 世纪 30 年代的 10 年当中，英国人多次远征珠穆朗玛峰都遭惨败，但是，在喜马拉雅山脉的其他地方，却传来许多登顶成功的消息。1930 年，英国登山队成功地登上了约翰孙峰（海拔 7459 米）；1931 年，弗兰克·史密斯率领的英国登山队又登上了印度北部的克麦特峰（海拔 7756 米）；接着，高度在 6700 米以上的 9 座山峰，先后被由英国人、瑞士人、日本人、德国人和美国人所组成的远征队所征服。

美国登山家的喜马拉雅山脉远征，是从攀登中国四川省境内的贡嘎山开始的。贡嘎山位于喜马拉雅山脉外侧的一支山脊线上，海拔约 7590 米。与喜马拉雅山脉大骨架上的山峰相比，贡嘎山由于起点较低，显得很高。难怪澳大利亚的考察者叶长青在《贡嘎山素描说明》一文中，曾误把贡嘎山当作世界第一高峰。

贡嘎山

美国探险家骆克在美国《地学杂志》上发表《幽居僻境的中国第一奇峰》，也误把贡嘎山当作世界第二高峰。这样，贡嘎山在 20 世纪 30 年代初，引起了美国登山家们的浓厚兴趣。

1932 年，美国登山探险队在摩尔、布尔沙和爱门斯的领导下，对贡嘎山进行了大规模的探险攀登。对于美国人来说，这是他们第一次攀登亚洲的高山，免不了有一场生死搏斗。他们在 10 月间出发，历经千辛万苦，直到第二年的 3 月才由摩尔和布尔沙将美国国旗树立在山顶激荡的风雪中。

爱门斯在这场探险中，经受了巨大的痛苦，因为严重冻伤，他失去了所有的脚趾。

尽管如此，攀登贡嘎山的成功，仍然极大地鼓舞了美国人的信心。美国登山家们又决定攀登海拔 7817 米的楠达德微山。

楠达德微山，位于印度北部的喜马拉雅山脉上，在世界高峰中，它的海拔排在第 20 位。关于这座山，还有一个美丽的印度神话故事：美丽温柔的楠达女神，为了逃避恶魔王子的纠缠而来到这座圣洁的雪山上，于是，楠达德微山成为楠达女神的圣堂。

从外形看，楠达德微山很像一座城堡。它的周围被岩塔似的山峰包围着，里边则是被称为"女神的内宫"的第二丛山棱。这个"内宫"，是由英国著名登山家朗格斯塔夫少校发现的。1905 年，朗格斯塔夫少校正在这一带探险，当他爬上外围城墙状的山脊时，偶然发现了"内宫"。朗格斯塔夫少校曾尝试着进入"内宫"，但是他的几次努力都失败了。在他实在爬不动的时候，却意外地发现了通往"内宫"的路线。

楠达德微山

这是一条异常艰难的路线：顺着里溪堪卡河上去，到达源流尽头时，数百米高的冰雪绝壁便直竖在面前，要进入"内宫"，就必须凭借高超的攀岩技术爬上这个绝壁。

楠达德微山优美动人的传说，楠达女神圣宫的浪漫色彩，丝毫没有减少攀登时的艰难。

在经过两年详尽侦察的基础上，1936 年，英国登山家古拉哈姆和美国登山家赫斯顿博士率领的英美联队正式向楠达德微山进发。

在这支队伍中，有在 1933 年征服贡嘎山时失去脚趾的美国登山家爱门斯，有在 1924 年参加珠穆朗玛峰远征，并目送玛洛里一去不返的英国登山家欧得尔。他们都有过不幸的遭遇，然而，他们又都义无返顾地加入到探险的行列。

　　这是一次困难重重的攀登。登山队刚刚到达里溪堪卡河时，担任搬运工的大部分雪巴族人因为纠纷而拒绝继续提供帮助。为了运送登山时的物资等各种必需品，每一位登山家不得不同时兼干搬运工的工作。他们一个个地爬上里溪堪卡河河边，在海拔 4500 米处设置了营地，然后，又和仅剩的几名雪巴族搬运工人一道，一趟一趟地来回搬运沉重的物资。白白地损耗掉许多体力之后，这支队伍终于到达了海拔 6400 米的高度。这时，他们又面临了新的考验。冻伤、高山病和雪盲症使得仅剩的两名雪巴族人和两位美国登山家丧失了继续攀登的能力。

　　最后，只剩下 4 名英国人和 2 名美国人了。暴风雪一次次地向他们猛袭过来，他们则以惊人的毅力一次次地抵挡过去。在 6 个人的脑子里只有一个念头：登上去！一定要登上去！

　　在铺天盖地的风雪中，他们好不容易突破了海拔 7000 米的高度。他们在晚间宿营前预定第二天一早，先由英国队的欧得尔和美国队的赫斯顿突击顶峰。

　　寒冷的夜晚来临了，在这冰天雪地中，满目是蓝幽幽的冷光。6 个人蜷缩在营地里，静静地听着呼啸而过的狂风声。

　　漫漫长夜总算熬过去了。第二天，当早晨的太阳出现在脚下的地平线上的时候，赫斯顿醒了。他想站起身来，突然发觉脚已失去知觉，无法再站立起来了。

　　赫斯顿显然已经严重冻伤，他的脚趾头看来很难保住了。这样，代替赫斯顿突击顶峰的任务就落在了美国队仅剩的一位登山家提尔蒙的身上。

　　欧得尔和提尔蒙这时也已经筋疲力尽，但为了全队的胜利，他们又支撑起摇晃的身体，去完成那最后 800 米的高度。

　　他们没有带氧气筒，越向上爬越感到透不过气来。在稀薄的空气中，他们每前进一步，都要多次喘息。因此，他们前进的速度慢得像蜗牛爬行。

　　他们越过深埋过膝的积雪，一点一点地在危险的冰壁上移动，时而还会遇上几次雪崩，能否保住性命，则全靠运气了。然而，他们相互鼓励着，一步一步地接近最高点。终于，他们成功了！他们登上了"楠达女神的圣堂"。

◎吃人的魔鬼山峰——南迦帕尔巴特峰

楠达德微山被征服了，接下来的目标是另一座喜马拉雅山脉山峰——南迦帕尔巴特峰。

南迦帕尔巴特峰位于喜马拉雅山脉的西部，海拔约 8125 米，高度排世界第九位。

南迦帕尔巴特峰是一座凶险的山峰，被许多登山家称为"吃人的魔鬼山峰"。它的构造类似珠穆朗玛峰，山脊很长，在靠近山脊的中间处，还有陡峭的前卫峰阻挡着。到顶上的最近路线是攀越北壁。可是，这北壁素以雪崩频繁而闻名世界，要到达攀登安全的积雪山脊，还必须绕道而行。不少登山家认为，这条南迦帕尔巴特峰的北壁路线有珠穆朗玛峰北坳"两倍的长，三倍的危险"。

基本小知识

雪　崩

当山坡积雪内部的内聚力抗拒不了它所受到的重力拉引时，便向下滑动，引起大量雪体崩塌，人们把这种自然现象称做雪崩。也有的地方把它叫做"雪塌方""雪流沙"或"推山雪"。雪崩还能引起山体滑坡、山崩和泥石流等可怕的自然现象。因此，雪崩被人们视为积雪山区的一种严重的自然灾害。

著名登山家、"新路线派"的先驱和无向导登山的最初尝试者姆马里，在 1894 年丧生于南迦帕尔巴特峰的冰雪里。

1932 年，美德登山联队途经新德里来到南迦帕尔巴特峰下。由于天气急剧变坏，联队只做了初步的路线侦查，便不得不匆匆撤退。

1934 年，一支德国登山队，在姆马里牺牲 40 周年之际，来到了南迦帕尔巴特峰。

两年前，麦克尔曾和美国人一起到过此峰。那次，他已初步领教过南迦帕尔巴特峰的复杂地形和恶劣气候。这一次，他们的队伍尽管在编制上不太完善，但由于麦克尔有上次领队的经验，还是将队伍控制得很好。

他们攀登进行得十分顺利。麦克尔高兴地看到，他们的营地在一个一个地升高。几个星期后，麦克尔等登山家和雪巴族搬运工人全都到达了离峰顶只有 600 米的地方。可以说，成功在望。这里，被人们称为"吉尔巴札提鲁"，是顶峰下方由山脊深切出来的一个坳口。就在这个时候，忽然狂风大作，登山队一行只好停留在被吹得呼呼作响的帐篷里，以免被冻死。

南迦帕尔巴特峰

第二天，暴风雪依然没有停止的迹象，麦克尔只得决定后退。当撤到离第二营地 1200 米的地方时，他们不慎把粮食弄丢了，这对处境艰难的登山队来说，无疑是雪上加霜。麦克尔眼睁睁地看着他的队员一个接一个地倒下，无声无息地丧失生命，经过数天难以忍受的折腾之后，只有 7 人生还在第二营地。有的患了雪盲，有的受了冻伤，倒在第二营地中，一个个都已奄奄一息。

留在山底下的接应人员，想尽办法去营救他们。但是，凶狂的暴风雪死死地阻挡住前进的路，使得一切努力都成徒劳。

在第二营地的帐篷内，剩余的人一个接一个被死神招去。在队长麦克尔倒下时，陪伴他的只剩下雪巴族人盖雷。盖雷让另一位同族兄弟其克里下山逃生，他

你知道吗

山坳

山坳通常指在跨越分水岭山脉高处的要隘；山间平地，两山间的低下处。

南迦帕尔巴特峰

自己留下陪伴队长。在麦克尔死去之后，由于寒冷和饥饿，盖雷也开始神志不清了。最后，这位雪巴族英雄也丧生在暴风雪中。

就这样，这次德国登山队在南迦帕尔巴特峰上全军覆没。这次死亡的人，包括队长麦克尔、副队长威尔茨巴哈和登山家威兰德、施尼捷尔等登山界的好手。唯一生还的，是雪巴族向导其克里。

南迦帕尔巴特峰大惨案使德国举国震惊，同时，激起了更多的登山家征服这座"吃人的魔鬼山峰"的决心。

1937 年，由卡尔·温任队长的又一支 16 人登山队来到南迦帕尔巴特峰。他们原想以登顶成功来抚慰麦克尔等英雄的在天之灵，但是，不幸的是卡尔·温一行人的结局与麦克尔他们一样的悲惨。那是在 6 月 14 日的夜晚，登山家们为了防止暴风雪，挖开深雪，将帐篷搭设在雪中。半夜，在帐篷中宿营的队员们听到由山顶方向传来的巨大轰隆声，还没等他们来得及作出反应，特大的雪崩把他们连人带帐篷全部埋葬在深雪里。卡尔·温等 16 人无一生还。

知识小链接

暴风雪

暴风雪，又称雪暴，指大量的雪被强风卷着随风运行，并且不能判定当时是否有降雪，水平能见度小于 1 千米的天气现象。暴风雪是伴随着强风寒潮出现的暴雪天气，发生的机会并不太多，而且它总是伴随着寒潮灾害和大风灾害出现。

南迦帕尔巴特峰，这座"吃人的魔鬼山峰"，造成了一次又一次的重大惨案。从 1895 年到 1937 年的仅仅三次攀登活动中，就"吃"掉了 26 人。

◎ 乔戈里峰山难

美国登山队在南迦帕尔巴特峰的攀登活动中受到挫折之后，他们的意向开始有所转变。尤其是德国登山队的全军覆没，促使他们彻底改变了主张，转而向克什米尔地区的乔戈里峰前进。

乔戈里峰之所以吸引美国的登山家们，首先是它的地理位置比较重要。乔戈里峰处于南亚次大陆与中国新疆的边界线上，是喀喇昆仑山脉的最高峰。乔戈里峰海拔 8611 米，在地球上所有的高峰中，它仅次于珠穆朗玛峰而排行第二。它的山峰呈金字塔形，并有五条山脊。乔戈里峰的冰川和地形结构之复杂，并不亚于珠穆朗玛峰。

乔戈里峰的山中蕴藏有大量的黑云母和其他尚未探明的资源。1856 年，英国人在对它进行测量时，将其定名为 K2（测绘标高的代号，K 代表喀喇昆仑山）。

自 1909 年著名探险家阿布鲁齐公爵率队攀登上乔戈里峰 7330 米的高处以后，整整 29 年，乔戈里峰一直很少有人前来挑战。

1938 年，由赫斯顿率领的美国登山队来到乔戈里峰山麓。在赫斯顿的指挥下，他们沿着阿布鲁齐山脊攀登到了海拔 7925 米的高度，这个高度创造了美国人的登山纪录。但是，无论他们怎样努力，也无法再越过第一个"肩部"。加上天气突然变坏，美国登山队只好撤退。

1939 年，美国登山家们又卷土重来。这次的登山队仍是

拓展阅读

云 母

云母是一种造岩矿物，通常呈菱形的板状、片状、柱状晶形。颜色随化学成分的变化而异，主要随铁含量的增多而变深。云母的特性是绝缘、耐高温、有光泽、物理化学性能稳定，具有良好的隔热性、弹性和韧性。在工业上用得最多的是白云母，其次为金云母。其广泛地应用于建材行业、消防行业、灭火剂、电焊条、塑料、电绝缘、造纸、沥青纸、橡胶、珠光颜料等化工工业。

乔戈里峰

上一年的原班人马，只是队长改由威斯纳尔担任。一开始，威斯纳尔一行人前进得十分顺利。当他们到达阿布鲁齐山脊时，登山家奥尔弗突然踏错脚步而发生了滚坠。

经过抢救，奥尔弗保住了性命，但是由于伤势较重，他常常处于半昏迷状态。为了能及时拿下顶峰，队长威斯纳尔决定把奥尔弗暂时留在阿布鲁齐山脊上的营地里。因为按照计划，支援组马上就会上来，他们可以把奥尔弗带下山去。

威斯纳尔与3名雪巴族向导用攀岩者使用的方法，经过冒险奋战终于越过了大约海拔8000米的第一肩部。然而，当他们上到海拔8400米左右，以为胜利即将来到的时候，乔戈里峰上空的天色突然变得漆黑，呼啸的狂风带来了漫天大雪，他们几乎看不见任何东西。更糟糕的是，他们与支援组直至大本营的联系被切断了。

"雪太大，我什么也看不见！我们可能回不去了！"一名雪巴族向导惊呼起来。

"有我在这里就能逢凶化吉，我的运气总是特别好。"另一名叫其克里的雪巴族小伙子说。

其克里长得瘦瘦高高，他生性乐观而又勇敢。在1934年，随同德国登山队远征南迦帕尔巴特时，他有过令人难以置信的死里逃生经历。那次他在暴风雪的袭击下，手脚受到严重的冻伤。在下撤途中，他又从高高的冰壁上摔到了谷底，但他却奇迹般地活了下来。那次经历让其克里相信，自己有神灵的保佑，是绝对不会死的。

最忧心忡忡的是队长威斯纳尔，他不仅为未能登顶而痛苦万分，而且还担心在营地中的奥尔弗。如果支援组上不来，那么，奥尔弗的生死就不得而知了。

他们四个人凭着触觉和运气总算下撤到阿布鲁齐山脊上的营地。这时，威斯纳尔发现，重伤的奥尔弗还在昏迷中挣扎。可怜的奥尔弗拖着重伤的身体，孤身一人与死神搏斗了整整一个星期。

山峰上的一些地方不断传来雪崩的轰隆声，营地时时处在被埋葬的危险之中。

其克里和另外两名雪巴族人让已经精疲力竭的威斯纳尔先下山，由他们背负奥尔弗随后跟着撤下来。但是，威斯纳尔和登山队的其他人却从此再也没有见到其克里。这位人人喜爱的雪巴族英雄，这回终于碰上了厄运。其克里为了救护重伤的奥尔弗，在下山途中与另外两位雪巴族同伴一起被暴风雪永远地埋葬了。

在这次悲剧发生后不久，第二次世界大战全面爆发了，战争迫使全世界的高山登山运动完全地停顿下来。

乔戈里峰山难为高山探险阶段画上了句号。这个阶段，或许是1786年以来人类登山史上最悲惨的阶段。第二次世界大战结束以后，喜马拉雅山脉迎来了它的黄金时代，当人们为登山家们所建立的辉煌业绩欢呼的时候，不要忘记，这些荣耀，正是建立在高山探险的沉重代价之上的。

◎ 法国人率先突破 8000 米

人类登山总是一步一步地前进，一步一层天，不可能"一步登天"的。要登上8000米以上的高峰（又称巨峰）是所有登山探险家的心愿。但要登上这么高的冰雪山峰除了要有强健的体魄、高超的技术、顽强的毅力外，还要有物质条件作保证。

登8000米以上的山峰远不是一天一夜能完成的，要在冰雪环境之中奋斗十几天，几十天才能完成。在登山装备上一定要有质轻、保暖的衣裤、睡袋、手套及袜子；质坚耐用的绳子；抗风保暖性强的高山帐篷；还要有轻便的岩石锥等。不可能想象披上一件厚重的棉大衣或羊毛皮大衣，穿上一双旅游鞋就能去征服8000米以上的山峰。正因为如此，人类在第二次世界大战前，没有一个山地探险家能登上超过 8000 米以上的巨峰。

第二次世界大战后，不少国家兴起了一个攀登海拔 8000 米以上巨峰的热潮。在这方面，法国人捷足先登。他们于 1950 年 6 月 3 日，首次登上了海拔 8091 米的世界第 10 高峰——安纳普尔那 I 峰。

1949 年 2 月，在法国登山俱乐部年会上，主席罗森戴维提出攀登喜马拉雅山脉中海拔 8000 米以上巨峰，受到大家的一致赞同。他们认为这不仅仅是一次山地探险的突破，打开人类通向 8000 米以上巨峰的大门，而且也是鼓舞法兰西民族精神的一件大事。此事得到了法国当时的戴高乐政府和法国人民的广泛支持。

广角镜

戴高乐

戴高乐（1890 年 11 月—1970 年 11 月），法国军事家、政治家，曾在第二次世界大战期间领导自由法国运动并在战后成立法兰西第五共和国并担任第一任总统。2005 年，法国国家电视台举行的"法国十大伟人榜"评选揭晓，电视观众评选戴高乐为法国历史上最伟大的人。

报名参加这次攀登活动的人数达 480 人之多，这些人都是攀登阿尔卑斯山的好手。最后经过慎重考虑，选择了 8 个人组成了登山队。队长是埃尔佐。

法国人利用发达的化纤工业，制造出尼龙面料的羽绒衣裤、尼龙绳、高山帐篷等，同时他们又制造出铝合金铁锁、岩石锥等。这支法国登山队全部食品和装备重量很轻。而当时其他国家相同规模的登山队的物资至少 13 ~ 15 吨。英国人 1924 年珠穆朗玛峰登山队的物资达到 20 吨。装备重量的减轻，是法国人对高山探险的一个大贡献。

1950 年 4 月 7 日，法国登山队抵达印度、尼泊尔边境的城镇纳乌丹瓦，雇用了 150 名夏尔巴族人作搬运工。夏尔巴族人是尼泊尔境内一个具有丰富登山经验、身体强健的民族。

由于道路的艰险，加上每天登山达 14 个小时，夏尔巴族人感到劳累不堪，提出增加工资。队员们更感到过度疲劳，再加上高山病的折磨，只剩下埃尔佐、拉什耐尔和5名夏尔巴族人还有力量继续向上攀登。

6月2日，埃尔佐和拉什耐尔在2名夏尔巴族人的支援下登达7400米，建起了4号营地。但他们仅带了一顶供2人使用的小帐篷，2名夏尔巴族人只好下山了。

6月3日，晴空万里，他们置生死于不顾，没有使用绳索保护，轮流在前面开路。到7800米处，拉什耐尔感到左脚不是自己的了，随后，两只脚都难以挪动。但他们俩咬紧牙关坚持前进。在下午6时15分，经过12个小时的拼搏，终于登上了海拔8091米的安纳普尔那I峰，埃尔佐和拉什耐尔在顶上欢呼着，插上了法国国旗，然后又互相为对方拍了一张手举冰镐的照片。写下了人类高山探险史上新的一页！

他们俩在顶峰上停留了20分钟后，开始下撤。这时风很大，天也黑了，加上体力消耗很大和冻伤，他们越走越吃力，终于在离4号营地（海拔7400米）还有150米处时，筋疲力尽，倒在雪地中，连嘶哑的声音也发不出来。

事情凑巧，6月4日清晨4时，预备向顶峰突击的法国队员雷彼发和泰利在手电筒的光束中发现了奄奄一息的埃尔佐和拉什耐尔。他们在海拔7550米的冰山雪峰上已经倒下了近10个小时。

你知道吗

羽　绒

羽绒是长在鹅、鸭的腹部，成芦花朵状的绒毛。由于羽绒是一种动物性蛋白质纤维，比棉花（植物性纤维素）保温性能好，且羽绒球状纤维上密布千万个三角形的细小气孔，能随气温变化而收缩或膨胀，具有调温功能，可吸收人体散发流动的热气，隔绝外界冷空气的入侵。

为了同伴的生命安全，他们毅然放弃了登顶的机会，将埃尔佐和拉什耐尔送回安纳普尔那I峰下的基地营。

四个人一同下撤。途中，他们又遇到暴风雪的袭击。他们奋战了一天，依然无法找到第三号营地，不得已，只好在山上露宿。为了不在睡着时被冻死，他们四人整夜地跳跃着，并互相踢打对方的脚。等到再一次迎来早晨时，他们发现昨夜脱下的鞋子被大雪埋没了，四个人焦急万分地四下扒雪找鞋子，可是在一个小时的找鞋过程中，他们的脚都被严重冻伤了，同时还患了雪盲症。

知识小链接

雪 盲

雪盲是高山病的一种，是阳光中的紫外线经雪地表面的强烈反射对眼部所造成的损伤。患者开始时两眼肿胀难忍，怕光、流泪、视物不清；经久暴露于紫外线者可见眼前黑影，暂时严重影响视力，故误认为"盲"。登山运动员和在空气稀薄的雪山高原上工作者易患此病。配备能过滤紫外线的防护眼镜，可起预防作用。

四个人都快要支撑不住了。就在这时候，从大本营里出来搜索的救援队发现了他们，将他们救回了大本营。

回到法国后，拉什耐尔截去了双脚，于 1955 年去世；埃尔佐全部手指和脚趾也因冻伤坏死而做了截肢手术，1964 年他出任法国青年体育部部长。

法国人首次登上 8000 米以上的高峰，标志着一个登山新时代的开始。此后，登山家就把攀登地球上全部海拔超过 8000 米的山峰，作为自己的目标。这在科学研究上，在认识自然和人类自身上具有十分重大的意义。从此以后到 1964 年为止，人类已经登上了 14 座这样的高峰。

法国登山队在两个星期的短时间内，以一次行军，直插峰顶，取得了成功。这种战术至今仍是一种向 8000 米以上高峰进击的典型战术，它被称为"安纳普尔那式突击法"。

◎ 站在地球之巅

1953 年，英国登山俱乐部又一次派出了珠穆朗玛峰远征队。

这是英国人的"背水一战"，因为雄心勃勃的瑞士人和法国人宣布他们都已组成了强大的登山队，准备在 1954 年和 1955 年征服世界最高峰。英国人能否夺得地球之巅的初登胜利，全看这一次的努力了。

只能成功，不许失败。英国登山队在装备和人员配备方面都做了极其认真而充分的准备。他们选择登山预备队员，在进行了长达一年之久的技术和身体训练之后，又从 100 多名预备队员中选出 8 名正式队员。与此同时，他们根据法国人在征服安纳普尔那 I 峰时的装备特点，改进了他们的登山装备。领队汉特，经过多方努力，请到了一年前曾为瑞士队担任向导的雪巴族人丹增和通杜普等人，并吸收丹增为正式队员。

汉特是一位经验丰富的登山家，早在第二次世界大战以前的 1935 年到 1938 年，他就多次参加过英国喜马拉雅山脉和喀喇昆仑山脉的登山探险队。他卓越的技术和组织能力，在英国登山界享有盛名。

汉特决定使用去年瑞士队的路线，使登山队在人力、物力和路线上都得到充分的保证。

在汉特的指挥下，英国登山队在海拔 5490 米高处设置营地，然后，又从这个营地一直到海拔 8000 米的南峡谷，连续设置了 8 个补给品营地。每设立一个营地，汉特都给予队员和搬运工充分的休息时间，以便让大家适应高海拔地区的气候。终于，他们来到了冰塔林立的冰瀑布区。汉特等提心吊胆地通过了冰瀑布区。安全通过后，他们回想起来仍有后怕，于是，他们把这个冰瀑区命名为"鬼门关"。

基本小知识

冰瀑布

冰川流动在陡坡段，冰体呈坠落或滑落状态，如瀑布那样，称为冰瀑布。冰瀑布的上部冰川有许多裂隙，下部有许多冰坠落体。冰瀑布可出现在冰川的中段，也可出现在冰舌部位。

直到抵达维司坦克姆冰盆地为止，汉特采用的都是上次瑞士队用过的路线。接下来，汉特根据队员们的意见，决定采用一条新路线，这要比瑞士队攀登时绕更远的路，但较为安全些。

他们在南峡谷搭设了第八座补给营地。这时，全队人员已经疲惫不堪，有的因不适应海拔 8350 米的高度，开始出现头疼、目眩、心跳过快等高山病的症状。根据队员们的身体状况，汉特不得已把原定的 6 人突击组减少到 4 人。这 4 个人又被分为两个小组。第一组由科学家波提隆与医生艾文斯组成，第二组则由印度籍的雪巴族队员丹增和新西兰籍的养蜂专家希拉里为成员。

5 月 26 日清晨，波提隆和艾文斯首先出发突击顶峰。他们一直攀登到黄昏时分，终于看到了珠穆朗玛峰最后的山脊线，眼看就要大功告成，不料这时，他们的氧气却用完了，只好遗憾地折返。

5 月 27 日，连续几天的好天气突然变坏，风雪交加。希拉里与丹增忧心忡忡地望着帐篷外的天地，暗暗祈求老天爷能让风雪停止，使他们的行动不至于中断。

第二天，云层果然散开，天空又有了阳光。丹增与希拉里兴奋异常，准备好装备，立即向峰顶出发。他们先把物资搬运到海拔 8500 米处，把帐篷搭设在山脊斜面的岩棚上。当晚，他们在这里宿营。为了节省氧气，留到第二天行动时用，睡觉的时候尽量不用，缺氧使他们很难入睡。

5 月 29 日，天气晴朗，他们在早上 6 时 30 分就出发了。在前方接近山脊的地方，复杂的地形让积雪掩盖住了，他们不得不时常离开路线在积冰的斜面上攀登。历尽艰险，两人总算渡过了这个难关。在这期间，他们的氧气瓶曾一度失灵，无法操作。

希拉里在事后说："我们所顾虑的唯一问题就是氧气。担心它究竟能维持多久？能够供应我们上顶吗？下山时，氧气够用吗？这个问题一直盘旋在脑海里，使我们惴惴不安。"

离珠穆朗玛峰顶越近，浮雪也越深，行动起来就更加吃力。希拉里由于过度疲劳，行动很困难，他每走一步都要留在雪地上大口地吸氧气。他和丹增轮流在前面开路，两人之间保持有六七米的距离，你走我停，我走你停，差不多一分钟才能走完一步。

忽然，他们发现在前方约 12 米处，有一座雪梁挡住了去路。雪梁的一侧是令人目眩的绝壁，另一边则是深深的积雪。顿时，丹增与希拉里感到进退两难。但是，他们不甘心在即将到达峰顶时放弃登顶。

"一定会有一条路的。"丹增说。

"我也这么想。让我先来试一试。"

希拉里说完向前迈了一步，发现在岩壁与积雪间有一条狭窄的裂缝。他试着把脚踏上去，然后，慢慢地把体重也加了上去。这个裂缝状似烟囱，稍不留意，人就有坠落的危险。然而，他们终究还是过去了。

拓展阅读

积雪

覆盖在陆地和海冰表面的雪层。亦称雪被或雪盖。它是严寒地区或寒冷季节特有的自然景观。

1953 年 5 月 29 日上午 11 时 30 分，走在前面的希拉里再也看不到比他更高的地方了，他们站在了地球之巅！

两位勇敢的登山家热烈地拥抱，相互纵情地拍打，表达他们狂喜的心情。

丹增在冰镐上分别悬挂起联合国、英国、印度和尼泊尔四面旗帜。他高举冰镐，让希拉里给自己拍了照。为了有效地摄取这些极其珍贵的镜头，希拉里不顾严寒，摘掉手套，脱下氧气面罩进行拍摄。

广角镜

《泰晤士报》

《泰晤士报》是英国面向全国发行的一种综合性时报，是对全世界政治、经济、文化都发挥着巨大影响的报纸。《泰晤士报》隶属于鲁伯特·默多克的新闻集团。长期以来，《泰晤士报》一直被认为是英国的第一主流大报，被誉为"英国社会的忠实记录者"。《泰晤士报》诞生于 1785 年元旦，创始人是约翰·沃尔特。诞生之初，称为《每日环球纪录报》。1788 年 1 月 1 日，正式改为如今的名称。

事后，当丹增回忆起他在珠穆朗玛峰顶的感受时，他说："在世界最高峰的顶上，我向南看到了山下尼泊尔的丹勃齐寺，向北看到了中国西藏境内的绒布寺，我是世界上第一个同时看到这山南与山北两座大寺庙的人。15 分钟对我们两个幸运儿来说，实在是太短促了。"

为了节约时间，丹增和希拉里在峰顶只待了 15 分钟。下午 2 时，他们回到 8500 米处的营地休息。傍晚，他们在下边的一个营地与支援队会合。他们一起向下，到达又一个营地里时，领队汉特从他们疲惫不堪的脸上似乎看到了什么，他以为他们又失败了。当汉特得知珠穆朗玛峰已被征服时，他激动万分，泪流满面，紧紧地拥抱着两位勇士。

出发之前，汉特曾代表英国登山队与《泰晤士报》订下合同。英国登山队登山的全部报道权均属《泰晤士报》。因此，在其他舆论媒介还在为英国登山队能否胜利作种种猜测的时候，《泰晤士报》捷足先登，在头版的重要位置长篇报道了这个登山史上非凡的胜利。

初登珠穆朗玛峰的胜利，是一个空前的胜利，但是让英国人感到美中不足的是，两位勇士当时都不是英国人。所以，在 1955 年 5 月，英国人又组队攀登海拔约 8598 米的干城章嘉峰时，登顶者全是英国人。

◎ 征服喜马拉雅山脉群峰

在英国登山队征服珠穆朗玛峰之后仅 34 天，以喜马拉雅山脉的南迦帕尔巴特峰为目标的登山活动又拉开了战幕。

征服这座"吃人的魔鬼山峰"，对于德国人来说具有特别重大的意义。人们清楚地记得，从 1895 至 1950 年，德国有 26 位登山者葬身在这里。为此，德国登山界立誓要征服这座"吃人山"，以告慰亡灵。

1953 年 6 月 29 日，一支高度专门化的德国登山队向南迦帕尔巴特峰出发，领队的是赫尔力高弗博士。在赫尔力高弗博士的登山队中，还有一位胆大技高的攀岩能手——奥地利人保尔。

登山队花了整整 8 个星期的时间，才来到那个名叫吉尔巴札提鲁的坳口。这里尽管离峰顶只有 600 米的距离，却正是当年麦克尔等 5 人牺牲的地方。全体队员这时都已疲惫不堪，状态稍好一点的，只有保尔和另一位名叫詹布克的登山家。赫尔力高弗博士选定他们两个为最后进军顶峰的人选。

夜色已深，两位担任突击任务的探险者却为什么时候出发而争执着。詹布克表示应按计划在凌晨 3 时出发，保尔则坚持立即摸黑攀登。性急的保尔随后发现，再争下去是没有结果的，于是他打点行装，独自一人走进夜幕之中。

詹布克考虑了一阵，随即走出突击营地去追赶保尔。然而，保尔的速度太快了，詹布克追了一阵后，感到力不从心，只好放弃了努力。这时，保尔已经顺利到达东边冻得坚硬如铁的斜面上，开始向顶峰冲击。

经过近20个小时的连续奋战，保尔终于登上了"吃人山"的峰顶。此时，保尔的体力消耗已达极限，严重的缺氧使得他的心跳变得狂乱。为了留下胜利的证据，他竭尽全力爬起来，拍下山顶的照片。太阳西沉，归途一片模糊。保尔试了一下，发觉已不可能连夜返回营地，因为他的身体状况根本无法保障自己过陡坡和裂缝时的安全。而且没有帐篷，没有睡袋，保尔陷入了进退两难的境地。他在峰顶四周寻找露宿的地点。这一夜，他竟然是在海拔8000米以上的严寒中露营度过的。在迫不得已之中，保尔创造了一项世界登山史上的奇迹。

第二天，遭受严重冻伤的保尔从峰顶回到了营地。他的脸扭曲变形，身体完全呈虚脱状态，然而，他的内心却充满了成功的喜悦和骄傲。他，保尔，一个单独行动的奥地利人，单枪匹马地完成了几十个德国人半个多世纪未能完成的事业。

也是在1953年，另一件证明人类最大耐力的攀登活动开始了。这次的目标又是乔戈里峰——一座让美国人梦魂萦绕的巨峰。

曾在1938年任美国乔戈里峰登山队队长的赫斯顿，1953年再次率队向乔戈里峰挑战。这支队伍中包括7名美国人和1名英国人。

赫斯顿等人来到著名的阿布鲁齐山脊下方，花费了将近两个月的时间尽力攀登。但是，他们没能碰上像保尔攀登南迦帕尔巴特峰那样的好运气。当一行人到达海拔7800米高度时，遇上了强劲的暴风雪。这场暴风雪整整地刮了一个星期，等到它终于停歇时，年轻的队员杰基却患上了脑血栓，杰基脚部的血液已完全凝固，再也无法站立和行动了。

为了争取时间，同伴们给杰基做了一副担架，准备将他从坡度很大的冰面上运下山去。这是一个十分困难的工作。7位登山家商量后，决定两个人在前探路，两个人抬担架，两个人在后面稳住，还有一个人则负责前后的联络工作。

脑血栓

脑血栓是在脑动脉粥样硬化和斑块形成的基础上，在血流缓慢、血压偏低的条件下，血液的有形成分附着在动脉的内膜形成血栓，称之为脑血栓。临床上以偏瘫为主要临床表现。多发生于50岁以后，男性略多于女性。

时间一分分地过去，营救杰基的工作越来越艰难，也越来越显得勉强。就在这紧要关头，天气变坏了，风雪大作，前途迷茫。突然，登山家培鲁一个踉跄滑倒了，向深谷滚坠。培鲁的绳子又把另一端的史垂瑟也拖向深谷，绳子牵扯着，又将赫斯顿与培兹两人拖过去吊在山谷的悬崖上，接着又缠住了摩纳鲁、杰基和休宁古，幸亏休宁古把冰镐深深地打进冰雪层中，摩纳鲁才得以暂时稳住。

所有人的生命都系在了休宁古的身上。在这岌岌可危的时刻，休宁古咬紧牙关，竭力支撑住同伴们的体重……他们总算化险为夷，保住了性命。他们回到了山脊上，然后将杰基固定在坡面上，就在附近的岩棚中过夜等待天明。天亮了，他们醒来后惊愕地发现，杰基连同他躺的担架不见了，他是被夜间的一场雪崩冲走的，再也找不到了。

这批劫后余生的队员带着过度的疲劳和满身伤痛撤下了山。他们征服乔戈里峰的努力失败了。

乔戈里峰的初登胜利到底没有属于美国人。1954年，由阿尔太多·提兹欧率领的意大利登山队抢先征服了这座巨峰。当然意大利人的胜利也来之不易，他们不但历尽艰险，而且也付出了一名队员生命的代价。

1955年以前，至少有7支登山队对世界第三高峰干城章嘉峰产生了兴趣并发起挑战，但最后都失败了。

在1955年，英国登山家查理士·艾文斯指挥有最新式装备的队伍进取干城章嘉峰。他们凭借英国登山队征服珠穆朗玛峰的余威，依靠新式的航空摄影、无线电通信系统、三种氧气装备（开发式、闭锁式和睡眠专用式）以及队员们的技术和经验，以破纪录的速度突破了山麓附近的几道难关。但是，在从雅龙冰河到达"大伽蓝"雪田时，他们遇到了很大的麻烦。为此，他们花了 6 个星期的时间，施展出高超的岩壁攀登技术，最后，终于征服了这座海拔 8598 米的巨峰。

🖋 知识小链接

航空摄影

　　航空摄影，又称航拍，是指在飞机或其他航空飞行器上利用航空摄影机摄取地面景物图像的技术。

　　事实上，英国登山队到达的地方距离顶峰还有好几米，原因是锡金人认为这座山的顶部是圣地，所以，锡金政府要求登山者不要触犯他们民族的神灵。一直到今天，这座世界第三高峰的真正顶端，还没有留下过人类的足迹。

　　在这以后，世界上其他几座海拔 8000 米以上的巨峰，都陆续遇到了强劲的挑战者。在连续十几年中，喜马拉雅山脉群峰上捷报频传。

　　1954 年，奥地利登山家征服了世界第 8 高峰卓奥友峰（海拔 8153 米）。

　　1955 年 5 月 15 日，法国登山队登上了海拔 8481 米的世界第 5 高峰——马卡鲁峰。

　　1956 年 5 月 9 日，日本人成功地征服了海拔 8156 米的世界第 7 高峰——玛纳斯鲁峰。

　　1956 年 5 月 16 日，瑞士登山队在登上珠穆朗玛峰的同时，征服了珠穆朗玛峰的姊妹峰海拔 8511 米的世界第 4 高峰——洛子峰，创造了一个队在同一个时期成功攀登两座 8000 米以上高峰的纪录。

　　1956 年 7 月 7 日，奥地利登山队登上海拔 8035 米的加舒尔布鲁木 II 峰，这是世界第 13 高峰。

　　1958 年 7 月 5 日，美国登山队成功地征服了海拔 8068 米的世界第 11 高峰。它位于喀喇昆仑山脉上的加舒尔布鲁木 II 峰。

1960 年 5 月 13 日，瑞士登山队首次登上海拔 8172 米的达拉吉利峰。

1964 年 5 月 3 日，10 名中国登山家登上了最后一座 8000 米的巨峰——希夏邦马峰。

在这个"喜马拉雅黄金时代"，人们征服了 8000 米以上所有的高峰。在这个时代里，继英国人以后，瑞士人、中国人和美国人都先后登上了地球之巅，人类登高的勇气与能力，在世界第一高峰上，多次得到了显示和验证。

◎ 无氧攀登

不使用氧气装备攀登 8000 米以上的高峰，是登山家们在喜马拉雅"白银时代"面临的一项新课题和新难度。多少年来人们一直认为，海拔 8000 米以上的高山是"人类死亡带"，或者叫做"生物禁区"，就是说，在海拔 8000 米以上的高度上，人类和其他动植物都无法生存。

1521 年侵入墨西哥的军队为寻找火药原料攀登"烟峰"（波波卡特佩特尔火山顶峰）时，绝大部分士兵已经忍受不了海拔 5000 米高度的缺氧反应。他们感到呼吸困难，每前进一步都伴随着剧烈的头痛和脚疼。他们尽管上到了山顶，但事后却长时间地感到头晕和恶心。

1802 年，德国著名的登山家赫伯特来到厄瓜多尔，准备攀登安第斯山脉中海拔 6272 米的钦博拉索山。但是，当他到达海拔 5600 多米的时候，忽然感到心情烦躁、痛苦难忍，昏昏沉沉而又难以入睡。与他同行的人，有的嘴唇和牙龈都出了血。赫伯特在解释这种现象的原因时说："人们感到不舒服，感到疲乏，其原因是由于气压降低而对人体产生的自然影响所致。"应当说，他并没把原因说确切。

19 世纪末期，欧洲盛行乘热气球升空的活动。1874 年，意大利的斯宾内利和赛维尔乘热气球升空，超过了海拔 6000 米的高度。在 3600 米高度时，他们已经感到明显的不舒服。继续上升到海拔 6000 米高度时，气压降得更低。由于他们使用了供氧装置，吸入的空气中混有 70% 的氧气，所以，没有感到不舒服。可见，在超过一定海拔高度时，人体的不适应主要不是由于赫伯特所说的气压过低，而是由于缺氧造成的。

　　1875 年，还是斯宾内利，他同两位同伴一起在供氧设备很不完善的情况下，贸然乘热气球升空。他们事先计划，除非万不得已，否则不轻易使用人工氧气。但是，当他们到达 8000 米高空时，斯宾内利已经和同伴赛维尔一起因严重缺氧而死去。幸存下来的蒂桑迪埃在追述这次可怕的事故时说，当他在记录本上写的气压记录

为 7450 米的高度时，他感到呼吸困难，并且准备打开氧气装置。但是他的胳膊一点也动弹不得，已经不听大脑的指挥了。他注意到，气压下降到相当于海拔 7620 米高度时，时间是下午 1 时半，随后他就失去了知觉。40 分钟以后，他清醒过来，这时气球正在下降。为了使气球重新上升，斯宾内利向外扔了许多沙袋，气球一直向 8000 米上升。蒂桑迪埃随即又昏迷了过去，直到下午 3 点半他才重新清醒过来。他睁眼一看，发现两位伙伴已经丧失了性命。

　　直到 20 世纪 20 年代以后，随着人类科学技术的发展和登山运动从低山不断地走向高山，走向了喜马拉雅山区，人们才能在实践中真正对高空缺氧的问题有逐步的接触和认识。一些科学家，尤其是高山生理学家，开始对这个课题进行深入的研究。研究结果表明，在海拔 8000 米的高度上，大气中的含氧量仅仅为海平面的 $\frac{1}{3}$ 左右。人们在严重缺氧的情况下，会感到头痛、头昏、呕吐，甚至引起其他高山病。如果救护不及，往往会导致死亡。"人类死亡地带"的说法，不是完全没有道理。但是，在人类登山史上，也曾有过这样的先例，由于事先进行了良好的耐高山缺氧适应训练，在 8000 米以上的高度上，一些登山家在没有氧气装置继续供氧的情况下，不但没有发生意外，而且可以坚持登山。所以，所谓"死亡地带"，对于受过专门训练的优秀登山

家来说，并不一定意味着死亡。

当然，要在自始至终都不用供氧装置的情况下攀登 8000 米以上的高峰，是一件极其困难和极其危险的事。所以，有计划、有目的地进行这项展示人类最大忍耐力的尝试，还是到 20 世纪 70 年代才开始的。

1973 年 5 月 1 日，由德国、瑞士、奥地利三国联合组成的男女混合登山队，首次实现了人类对 8000 米高峰的无氧攀登，其中有 4 名队员（包括著名德国女登山家哈·施玛兹）在自始至终不使用供氧装置的情况下，成功地登上了海拔 8156 米排名世界第 7 的马纳斯卢峰。

1975 年 10 月 6 日，在登上海拔 8481 米的马卡鲁峰的 7 名前南斯拉夫队员中，登山家马尔扬·库那别尔也自始至终不用人工氧气而登顶。

1978 年 5 月 8 日，33 岁的意大利著名登山家梅斯纳和 35 岁的奥地利登山家哈贝勒，更是以惊人的勇气与毅力，坚持自始至终不用氧气装备，经尼泊尔一侧的南麓，完成了对珠穆朗玛峰的征服。3 个月后，梅斯纳又在无氧的情况下，登上了海拔 8125 米的第 9 高峰——南迦帕尔巴特峰。同年，美国登山队的 3 名登山家也按事先计划，成功地对世界第二高峰乔戈里峰进行了无氧征服。也是在这一年，德国、法国联合登山队的 3 名登山家，又在完全不用人工氧气的情况下登上了珠穆朗玛峰。

在梅斯纳等著名登山家的大力提倡和推动下，对 8000 米以上巨峰实行无氧攀登，从 1978 年起形成了热潮。在 1979 年 5 月 16 日，英国、法国联合登山队中，有 3 名英国登山家斯科特、鲍特曼和塔斯加，又首次在世界第三高峰干城章嘉峰上创造了无氧攀登的纪录。

而梅斯纳本人，则又在 1979 年 7 月 12 日，和伙伴德凯尔一起，征服了乔戈里峰正南坡面的陡峭岩壁，在完全不使用氧气装置的情况下，成功地登上了这座世界第二高峰。

梅斯纳这位传奇式的意大利英雄，在他已经享誉全球的时候仍未满足。1980 年 7 月中旬，他来到珠穆朗玛峰的北坡，准备沿东北山脊上到 7800 米之后，再向右转向正北面，向更为险峻的正北山脊发起挑战，开创人类登上世界第一高峰的第 8 条新路。

梅斯纳与加拿大记者尼娜·霍尔金一同登到了海拔 6500 米高度。然后，在 1980 年 8 月 18 日清晨 5 时，他走出营地，单枪匹马地开始了他的最大冒险。照例，这一次他仍 1 天没有带氧气瓶。

晨曦照亮了珠穆朗玛峰，梅斯纳辨认着东北山脊上的每一个山峦，走在 1924 年玛洛里与欧文走过的道路上。他试图证实自己具有这样的能力：不靠搬运工、登山伙伴、氧气瓶甚至无线电设备，而是完全靠自己征服世界第一高峰。然而，仅仅才开始了十几分钟，梅斯纳的这次冒险就差点儿以大难临头而告终。一座他正在上面行走的雪桥突然碎成了粉末与冰块。梅斯纳在冰壁间撞来撞去落向深渊。幸好，这种让人绝望的下坠停止了，梅斯纳看见在头顶的细小缝隙间，有一颗晨星在闪烁。接住他的是一个面积不足 1 平方米的小雪台，而脚下则是无底的深渊。如果这个雪台在他的重压下塌下去，梅斯纳将再也无法见到天日了。

求生的本能使得梅斯纳硬是用冰斧和雪杖这两件简单的工具攀到了高高的"冰牢"顶端。梅斯纳却发现自己爬上的是那座塌了的雪桥靠近下坡的一侧。为了前进他不顾安危重新跳入"冰牢"，再次攀爬 300 米高的冰壁。

基本小知识 👆

雪 杖

雪上运动器材。用木料、竹、铝合金或玻璃钢制成。由杖杆、杆尖、雪轮、握革等部分组成。雪杖是用来在起滑时支撑、在滑行中平衡身体的。选择雪杖的长度以适合自己的身高为原则，一般由拦雪轮起算，最长不过肩，最短不低于肋下。

8 月 18 日上午 9 点，梅斯纳到达 7360 米处。这时，暴风雪铺天盖地而来。等上攀到 7500 米高度时，他感到自己的步伐大大地减缓了。这时，他发现了日本登山队不久前使用的用来联系两个营地的红色安全绳。然而，他迅速摆脱了那条红绳子的诱惑，继续走自己的路。他的背上背着食品、睡袋、帐篷、火炉、燃料……他就像一只孤独的蜗牛，在背上驮着自己整个的家。

他感到脑子轻飘飘的，气喘也越来越急促。他仍然奋力前进，一步一步地直至到达海拔 7800 米处才卸下背包，准备当晚的营地。

8 月 19 日，梅斯纳又卷起他的"家"，涉足于齐膝深的积雪之中。为了另开新路，他迈步向大峡谷走去。下午 3 时，他到达了海拔 8220 米高度。当晚，他在海拔 8250 米的地方建立了最后一个营地。8 月 20 日清晨，梅斯纳动用了冰爪，开始最后的冲击。他一直在迷雾中本能地前进着，等到迷雾散去，他看到了那个 1975 年中国人树立在顶峰的觇标。这时，筋疲力尽的梅斯纳顿时增添了无穷勇气，他奋不顾身地攀了上去……他成功了！

梅斯纳以不可思议的勇气、体力和意志，成为人类历史上孤身一人从北坡对珠穆朗玛峰成功地进行无氧征服的第一人。这是世界登山史上的奇迹，是跨越 20 世纪 70 年代和 80 年代的绝唱。

中国登山

◎留学前苏联

1955 年 6 月的一天，风光秀丽的五山城，飞来了一架伊尔客机。当飞机在高加索机场停稳后，接连钻出来了四个中国小伙子，他们是中华全国总工会派来留学的许竞、师秀、杨德源和周正。接着，他们就前往斯大林的故乡——格鲁吉亚学习登山课程。

汽车开过一个又一个古老的斯宛人村庄，又越过数不清的桥梁和山冈，最后来到了巴克珊河边，登山教练员学校就坐落在这巴克珊河边郁郁葱葱的密林中。在这里，4 个中国小伙子受到前苏联登山队员的热烈欢迎和热情接待。

他们很快便开始了在前苏联的学习和生活。

这天天气晴朗，山上的冰雪融化使得巴克珊河水猛涨。曾参加过欧洲最高峰保卫战的教练别列斯基和乌嘎洛夫，给 4 名中国学员讲解如何使用铁索与爪结，以及如何将横贯河两岸的牵引绳拉紧。当中国学员都表示已经学会时，别列斯基就命令周正第一个用滑车把身体挂在绳上向对岸滑去。不巧的是，牵引绳脱落了，周正掉入了 0℃ 以下的急流中。然而，周正并没有放弃，他很快从急流中站立起来，十分镇定地攀着绳子上了岸。接着，另外 3 名中国小伙子也毫不犹豫地接受了这个考验，并且完成得非常好。

学完几个主要科目之后，就是综合性的总实习。中国学员在实习中十分麻利地修筑冰台阶，使用登山装备，轻而易举地就登上了一座海拔 3600 米的雪山。

他们的导师别列斯基语重心长地说道："几亿人口的中国是世界上人口最多的国家，新中国等着你们去为她培养更多的登山运动员，你们是新中国第一代登山家，任何一个动作做得不准确都是不可原谅的……"

前苏联登山教练员学校校长在隆重的仪式上，把毕业证书与学位证书递到这 4 名中国人的手中。

从此，中国出现了第一批登山教练员。

在高加索的留学生活结束不久，4 名新中国最早的登山家随前苏联登山队前去帕米尔高原，他们将在对较高山峰的实际攀登中经受现实的考验。

拓展阅读

高加索

　　高加索地区，位于亚欧大陆黑海、亚速海同里海之间，气候属于温带和亚热带，有丰富的石油、天然气、锰、铅等矿产资源。

车在盘山公路上缓慢地向高处行驶，在路经一个名叫索菲库尔干的小镇之后，中苏登山家们便进入荒凉的高寒区。又过了两个小时，车队到达了著名的艾莱山区。他们在一座避风的山冈下，傍依着河流搭起了一顶顶帐篷作为"大本营"。

尽管这里海拔只有 4200 米，但初次接触高原的 4 名中国人已感到很不习惯了。他们头痛、恶心、不想吃东西，但是他们以顽强的毅力逼迫自己去适应高原的环境。

渐渐地，中国登山家们就适应了高原气候。在进行了一系列的准备训练之后，·他们在 1955 年 8 月 11 日与前苏联登山家们一起攀上了一座海拔 6773 米高的无名处女峰。当两国的国旗飘扬在峰顶上时，两国登山家们的心情都非常激动，他们就把这座山峰命名为团结峰。

6773 米，这是新中国登山家们所创造的第一个属于自己的高度纪录。

你知道吗

太白山

太白山位于陕西省宝鸡市，秦岭北麓，眉县、太白县、周至县三县境内。它是我国著名的秦岭山脉的主峰，也是我国大陆东部的第一高峰，海拔约 3767 米。秦岭山脉是我国南方与北方的天然屏障，也是长江、黄河两大水系的分水岭。

中苏登山家们在休息了一夜之后，又开始向海拔 6780 米的十月峰出发。这时，4 名中国登山家们的高山反应相当严重，但他们都一声不吭地忍受着。为了国家的荣誉和祖国的登山事业，他们下定决心，坚持前进，不在前苏联伙伴面前示弱。上午 10 点 20 分，中苏登山家们全体登顶，中国的国旗又一次飘扬在帕米尔高原的高峰顶上。

这 4 名年轻的登山教练员们学成回国后仅半年，便组建了新中国第一支登山队——"中华全国总工会登山队"。全体成员，在太白山上，开始了他们雄伟而神圣的攀登事业。

几个月之后，中国登山队员们就向 7500 米左右的慕士塔格峰发出了挑战。

◎ 中苏联合出击——挑战慕士塔格峰

在新疆的帕米尔高原上，有一座终年积雪的山峰，名叫慕士塔格峰。慕士塔格峰以其雄伟的山势高耸在云层之上，是"冰山之父"。这座高峰，经常被乌云蔽盖着，透出神秘的气息。无数的冰河沿着它的斜面下流，成为山下河流的起源。这里既没有树木，也没有青草，只有在山下的峡谷里，才能看到一点绿色。

　　慕士塔格峰多年以来一直受到外国登山家的注意。瑞士人、英国人曾几次向这座山峰挑战，却始终未能成功。在尝试攀登慕士塔格峰的失败者中，有赫赫有名的瑞士登山家斯文·赫定，还有大名鼎鼎的英国登山家希普顿。

　　慕士塔格峰海拔7500米左右，这个高度对于起步才一年的中国登山运动员来讲是一次全新的挑战。

　　1956年7月，中苏两国的登山运动员编成混合登山队开赴慕士塔格峰。他们准备在这里，改写各自的登山高度纪录。

慕士塔格峰

　　在开始突击以前，中苏登山家们在不同的高度上进行了短期的训练，使得自己的内脏器官对高山上缺乏氧气的条件有一定的适应能力。他们在来到大本营之后，就立即开始了对慕士塔格峰进行侦察。

　　两国混合登山队由前苏联的著名登山家别列斯基担任队长，中国的史占春与前苏联的库兹明任副队长。在他们的指挥下，两国登山家们于7月8日侦察攀登到海拔5500米，并且发现了英国登山家希普顿当年遗留下来的罐头盒和帐篷零件。

　　7月10日，风和日丽，13名前苏联登山家们与11名中国登山家们从大本营出发向高处进击。他们采取步步为营的办法，在海拔5500米到6000多米的地方，建立了第一、第二和第三高山宿营地，并且继续侦察前进的路线，把上千斤重的物资运到几个高山宿营地。然后，他们又回到大本营，进行休整。

　　在详细侦察的基础上，中苏混合登山队选定了突击路线。这条路线是经慕士塔格峰西坡，跨越洋布拉克冰河和卡尔吐马克冰河之间的山脊，然后突击主峰。

趣味点击

牦牛

牦牛被称做高原之舟，是西藏高山草原特有的牛种，主要分布在青藏高原和青海省。牦牛全身一般呈黑褐色，身体两侧和胸、腹、尾毛长而密，四肢短而粗健。牦牛生长在海拔3000米到5000米的高寒地区，能耐零下30℃到零下40℃的严寒，而爬上6400米处的冰川则是牦牛爬高的极限。牦牛分为野牦牛和家牦牛。

7月26日下午，征服"冰山之父"的行动正式开始了。突击队员们用牦牛驮上背包，用了两个小时到达位于洋布拉克冰河和卡尔吐马克冰河尾部的一号营地。第二天，队伍在碎石地带奋战了整整6个小时。等到达二号营地之后，高原上特有的牦牛已经吃不住劲了，它们常常停下来喘气，后来干脆赖在地上不走了。这样，突击队员们在接近海拔6000米的高度时，每个人的背上又加重了25～30千克的负担。

接着，他们走过雪桥，通过了冰瀑区，在十分陡峭的雪坡上，每两名中国人与两名前苏联人结成一组，一条登山索把他们的生命连在了一起。

前边的道路越来越艰难，积雪又松又深，一脚踏下去，雪就埋到了膝盖之上。爬上一个雪坡，前面又是一个雪坡，开出了一串踏脚处，又得开第二串踏脚处。他们走啊，绕啊，不知道什么时候才能到达准备建立第五号营地的地方。

经过长时间的攀登，他们到达海拔7200米处。傍晚，当他们刚刚支起第五号营地的帐篷时，山上刮起了寒风。虽然大家都穿着特制的鸭绒衣和高山靴，但还是个个被冻得瑟瑟发抖。

7月31日，是中苏联合登山队突击慕士塔格峰的第六天，也是决定他们能否最后征服"冰山之父"的最后一天。

早上6时30分，山脚下还被蒙眬的晨雾所笼罩着，而在云雾之上的高山雪坡上，登山队8个突击组的8座帐篷却已经呈现在晨光之中了。

第一突击组的胡本铭与拉希莫夫迅速地钻出睡袋，在帐篷外用冰镐挖来一锅冰雪，用汽油炉融雪烧茶。由于高山地区的气温太低，特别是缺氧，烧一锅开水要用一个半小时的时间。登山队员们的早餐就是茶和糖块。

上午9时，副队长库兹明带领的第一突击组率先出发了。这里，山峰的坡度又加大了，每一步只能跨出30厘米，每分钟最多只能走十步。积雪埋到了大腿，空气的稀薄与大气压力的降低，使得他们的心跳骤然加快。单靠鼻孔已不能满足呼吸的要求，登山队员们个个张大了嘴呼吸。有时，他们会因为脚步太重而倒在积雪中，要使出全身力气才能站起来。面对刺骨的寒风和冰冻，防寒服和羽绒手套似乎失去了作用。每个人的牙齿都在不住地打战，鼻涕不断地流向嘴唇，浑身的肌肉紧缩成一团，膝关节更是疼痛难忍。

经过一个小时的跋涉，登山队仅仅上升了100米，速度非常缓慢。由于高山的恶劣气候，许多队员的高山病越来越严重。尽管这样，他们还是在一点一点地前进着。

翻过一个陡坡之后，一直领先的第一突击组里，有两人出现了剧烈的呕吐。由于呕吐所引起的四肢乏力，严重影响了突击组的行程。然而，就在这时，他们惊喜地发现：刚才所征服的，是最后的险阻，从这里到山顶，剩下的是一段最平坦的路了。

下午1时，库兹明第一个到达峰顶。10分钟之后，第一突击组来到库兹明的身边，接着，走在后面的7个组陆续登顶。

按照国际惯例，登山队在记录上写道："1956年7月31日14点0分，中苏联合登山队31名队员，在正常天气下，登上了海拔7500米左右的慕士塔格顶峰。全体队员把这次登山胜利，献给中苏两国人民的伟大友谊。"

攀登慕士塔格峰的胜利，使得中国人的登山高度纪录一下子上升近800米，与前苏联人的高度纪录拉平。从此，中国登山运动经过短暂的起步，一下子跨入世界上中等国家的

拓展阅读

帕米尔高原

帕米尔高原，中国古代称葱岭，是自汉武帝以来开辟的丝绸之路的必经之地。帕米尔高原位于中亚东南部、中国的西端，地跨塔吉克斯坦、中国和阿富汗。

行列。

在征服慕士塔格峰 14 天后，由 4 名前苏联登山家与 2 名中国登山家（陈荣昌和彭仲穆）又登上海拔 7595 米的，帕米尔高原的第二高峰公格尔九孤峰。他们再一次改写了两国的登山高度纪录。

◎ 第一次完全征服贡嘎山

1957 年，中华全国总工会登山队以我国著名高峰四川省大雪山脉的最高点贡嘎山为攀登目标，成功进行了第一次完全由中国人组织的登山活动。

贡嘎山，海拔 7590 米，凌驾于近 20 多座海拔 6000 米以上的山峰之上，气势雄伟，是"山中之王"。在攀登史上，它曾被许多人误认为是世界上第一高峰。

贡嘎山位于四川省康定和泸定两县境内，雪线高度平均为 5000 米。它周围冰川林立，是世界著名的冰川区域之一。

贡嘎山地区的气候分布非常有趣，在海拔 2000 米以下，是亚热带，2000～2500 米是温带，3000～4000 米是寒温带，4000～5000 米是亚寒带，5000 米以上则是寒带。这种异常典型的垂直状气候的分布，也带来了山区植物的带状分布。所以，它还有丰富的动植物资源。

中国是个地大物博的国家，登山运动如果能很好地为国民经济建设服务，其前景将无可估量。因此，这一次的贡嘎山探险，登山队还特地邀请了北京大学等单位的有关科学工作者参加。在登山的同时，科学工作者对贡嘎山地区的气候、冰川、地貌和高山生物等进行了考察研究。

1957 年 5 月，天气炎热。在海拔 3700 米有一座寺庙。以史占春为首的一支中国登山队，就在这千年古庙里安下了大本营。突击开始之前，副队长许竞带领一支由 6 名队员组成的侦察队，先去侦察登顶的路线。

那天清晨，天气晴朗，贡嘎山高耸的山尖在天边透露出来，衬托着蔚蓝的天空，愈加显得宏伟。侦察队员们带着中国自己制造的登山装备与食品，沿着起伏不平的冰碛石堆，跨越着山间的激流。这里是一条长达 10 多千米的溪谷，是贡嘎山的冰川融化而下的水流汇成的。在溪谷的左右侧和贡嘎山相连处有两条雪山脊，形如两条巨臂。雪线以下，分布着无边无际的原始红松林和绿茵茵的草地。这里开遍了五彩缤纷的野花，隐藏着虎、豹、熊、野牛、狐狸、鹿、獐子、盘羊等动物，还有马鸡、松鸡和一些不知名的珍禽。

侦察队员们出发时，当地的藏民告诉他们，在这个"山中之王"的顶上，有一根黄金制成的神奇魔棒，他们希望勇敢的登山者能把这根魔棒取来。侦察队按照正常的行军速度前进，4 个小时之后，在山脚下的一块平地上选定了一号营地的设置点。这里的海拔是 4300 米。

这一天，他们一直走到冰碛石区的末端，高度计指针所标出的海拔是 4700 米，从这里

拓展阅读

冰　碛

在冰川作用过程中，所挟带和搬运的碎屑构成的堆积物，称为冰碛，又称冰川沉积物。冰碛物分为：含于冰川底部的底碛；含于冰川内部的内碛；含于冰川表层的表碛；含于冰川体两侧的侧碛；两条冰川汇合后，介于两冰川间的中碛；冰川冰与水接触部分的融出碛。

再向上 500 米，即是早年瑞士登山家哈姆带来的考察队所到达的最高点。许竞指挥侦察队的队员在这里建立起二号营地。第二天，他们将跨过雪线，踏上真正的高山路途。每一个队员的心里都明白，他们必须储备足够的体力，以应付即将到来的一切考验。

高山上的气候变化无常，那天正午还是万里晴空，火辣辣的太阳晒得地皮翻卷，人眼睛发痛，头脑发昏，而到了晚上，骤然间山尖被黑云吞没，雷电在离帐篷不远的上空不停地轰鸣。一夜的暴风雪使得贡嘎山变化万千，被冰雪侵蚀而风化的岩石和雪崩搅和在一起，滚动而下，一时，山崩地裂，震天动地。

第二天清晨，风雪已停，浮云像一条玉带环绕山间。侦察队选定了一道通往山脊的岩石坡，垂直高度有 500 米左右。这条岩石坡的表面已经严重地风化，陡峭而松软的岩石稍受震动，就会变成滚滚的落石。队员们为了避免

被滚石砸伤，分路向岩石坡顶部攀登。他们每个人都背着相当于自己体重一半重量的重负，在移动中艰难地寻找着支撑点，每一步都充满了危险，稍有闪失就会失掉重心，而发生滚坠。

就这样，500米的岩石坡他们爬了十几个小时。当他们到达山脊顶部时，却发现这里是条绝路，四周都是悬崖峭壁。这时，天色已晚，乌云密集，紧接着，暴风雪又来了。

侦察队一时进退不得，连搭个帐篷的可能都没有了。6个人只得挤在一块不到两平方米的岩石顶上，经受着风雪的袭击。队员刘大义警告同伴们说："大家要互相提醒，在这地方是绝对不可以睡着的。"

风雪越来越大，积雪湿透了侦察队员们的衣裳。

第一次侦察遇阻后，登山队决定由队长史占春带领另外7名队员作第二次路线侦察。他们沿一条新的路线——北边的岩石坡和南边的一个雪槽向山脊进军。

出发的时候，天气酷热，队员们面孔都被晒脱了皮，只有留大胡子的人稍占了一些便宜。极度的干渴迫使队员们不得不违反登山运动的禁规，用冰雪解渴（冰雪可能引起喉炎，增加登山者在高山上的呼吸困难）。侦察队一直来到海拔5200米的地方，雪地反射的阳光照射得他们全身像烤焦了似的难受。他们在软化了的积雪上十分缓慢地前进着。为了避免滑倒坠崖，他们不时地要用冰镐敲打掉粘满鞋底的雪。

这一段都是70°以上的陡坡，每前进一步都得刨出踏脚处，然后用四肢爬行。雪山上经常碰到铺满浮雪下边隐藏着无数裂缝和窟窿的冰瀑区，在前边开路的人必须十分小心地用冰镐探索雪地的情况。

突然，队员师秀感到胸前的绳索猛地拉紧，险些把他拉倒。再定睛一看，前边开路的刘连满不见了。白茫茫的地面上，乌黑的窟窿和迅速下沉的绳索表明刘连满坠落到冰窟窿里了。师秀与刘大义费了九牛二虎之力才将刘连满拉上来。事后刘连满说，这个窟窿底下有层层的裂缝和成千成万的冰锥和冰柱构成的冰刀山，深度难测，若没有同伴的及时相救，他就完了。

这一天，史占春率领的侦察队到了海拔5400米的地方。黄昏时分，史占春下令在一个靠近雪檐的冰丘上宿营。大家累极了，渴望能得到一次甜睡。但是，无情的贡嘎山又用强劲的山风卷起冰粒，把帐篷"轰炸"得如雷鸣般的响。队员们担心帐篷会被风刮走，就用身体压住帐篷的四角。就这样，队员们在这危机四伏的帐篷里过了一夜，有的队员竟睡着了，居然还打起了呼噜。

第二天天气再次变坏，登山队员们遇到了从未见过的雷电现象。当时，人在云层中，天阴降雨，雷电交加。起先，他们只是感到头发在啪啪作响；继而，头发像受到什么东西的吸引不由自主地上下摆动起来。这时，有的队员发现同伴的头发外卷和眼睛都冒着电光，一闪一闪，甚至一眨眼，一动手，

拓展阅读

冰锥

冰锥是在寒冷季节流出封冻地表和冰面的地下水或河水冻结后形成丘状隆起的冰体。

一抬腿都有闪光。背包上的金属物，发出了恐怖的蓝光。大家立即把金属物全扔在一边，搭起帐篷赶快钻进去，总算躲过了危险。

经过两条冰裂缝和积雪很深的雪桥后，他们到达了海拔 6000 米的山脊。在山脊上，侦察队员们又度过了风雪肆虐的两天。在第二个风雪夜里，他们的帐篷全部被埋在了深深的积雪里。他们穿着单薄的衣服，冒着零下 20℃ 的寒冷，连续挖了十几个小时，才挖出了自己的帐篷和衣服。

这一次侦察，队员们历尽了艰险，然而却为大队找到了一条通往主峰的路线。

就在第二支侦察队与暴风雪搏斗的时候，正在进行高山适应性攀登的大队遇上了一场雪崩。

在贡嘎山附近居住的藏民，在夏日的早晨或黄昏，常常会听到山沟里传来巨大的轰鸣声，那就是雪崩的声音。大雪崩常常是数万吨的冰雪从悬崖上倾泻而下。这种雪崩有极大的摧毁力，这里的人们，经常能看到由雪崩摧毁的大树和由雪崩"搬运"来的山丘。

5月28日，当13名队员行进到海拔5000余米的一个雪槽边上的时候，一次中型雪崩发生了。"雪崩！"副队长许竞刚刚发出这两个字，一股气浪，随着潮水似的几百吨冰雪，带着巨大的轰鸣声倾泻下来。队员们躲闪不及，一下子都被冰雪冲倒了。他们与冰雪一起滚落下去。雪崩在一个缓坡上停住了，13名队员全部被埋在冰雪的下面。埋得浅一些的队员挣扎着爬了出来，立即去解救埋在深处的伙伴。全部人员被挖了出来，但是，埋得最深的队员丁行友，却永远停止了呼吸。丁行友，这位北京大学气象专业的助教，成了我国登山事业和高山气象研究事业的第一个牺牲者。

然而，悲惨的山难事件和凶恶的贡嘎山没有吓倒新中国的登山家们。全队在突击主峰之前，举行了誓师大会。全体队员面对贡嘎山的主峰庄严地宣誓："为了祖国的荣誉，我们一定要胜利地登上贡嘎山的主峰！"

6月4日，12名队员打点了行装正式向主峰进发。6月10日，他们到达了海拔6000米的山脊。这里，大气压比平地降低了50%以上，氧气稀薄，呼吸越来越困难。然而，要到达顶峰，至少还有4天的路程。

雪脊如刀刃般的陡峭，每一步都存在着危险，每走一步都是在冒险。前进中，有的队员失足滚下数百米的冰坡，遗失了高山装备，还有的则因严重的高山病而躺下了。队长史占春只得留下部分队员来照顾这些伤病者，这样，能继续前进的只剩下几个人了。

他们6个人爬到了海拔6250米的被称为骆驼背的冰坡上，凭着非凡的勇气，硬是用80米长的绳索，下到超过100米的垂直山崖下。

基本小知识

大气压

大气压亦称"大气压强"。它是重要的气象要素之一。由于地球周围大气的重力而产生的压强。其大小与高度、温度等条件有关。一般随高度的增大而减小。例如，高山上的大气压就比地面上的大气压小得多。在水平方向上，大气压的差异引起空气的流动。

6月11日下午，他们攀登上海拔6600米高处，建立了第六号高山营地。

随后，一连两天都是暴风雪，他们的食品快吃光了，只剩下 20 来块水果糖和一把花生米。

在这样困难的条件下，6 名中国登山英雄没有退缩，没有丧失征服山顶的信心。他们在饥饿的煎熬中又前进了 100 多米，在一道坡度超过 70° 的冰壁面前，设立了第七号营地。

6 月 12 日夜晚，每个人都未曾合眼。队员国德存掏出少先队员委托他带上顶峰的红领巾看了又看，他深情地说："不把这红领巾带上峰顶，我怎么好意思回去见他们啊！"

6 月 13 日凌晨 1 时，风停雾散，星斗满天。队员们在皎洁的月光下清晰地看到了通向主峰的道路，他们兴奋得叫了起来。凌晨 3 时，6 个人带着国旗、高度计、温度计、宇宙线测量器、摄影机等向顶峰攀去。

6 月 13 日下午 1 时 30 分，史占春、刘连满、师秀、国德存、彭仲穆和刘大义 6 人终于登上了贡嘎山顶峰。这些英勇的汉子们忘掉了连日来的饥饿与疲劳，在寒风中，他们紧紧地拥抱在一起。然后，他们默默地排好队，在云雾中升起了庄严的五星红旗。国德存的眼睛里闪着泪花，他把那条红领巾郑重地系在国旗下的冰镐上。

然而，中国登山健儿为了夺取这次胜利，也付出了极其沉重的代价。除了在雪崩中牺牲的丁行友之外，师秀、国德存和彭仲穆三位勇士，在下山时，不幸滑倒，坠入了万丈深谷。他们为中国的登山事业献出了宝贵的生命，我们将永远铭记他们。

➡ 征服地球之巅

◎ 世界上最大的登山基地

1960 年是新中国成立以来最严重的一个自然灾害年。就是在这年，中国的登山英雄们却干出了一件让全世界都震惊的事：攀登珠穆朗玛峰，征服地球之巅。

1960年3月中旬，中国登山队离开西藏自治区首府拉萨，经日喀则等地，沿着当地藏族同胞为他们修筑的公路，开向珠穆朗玛峰山麓。这是一支由20多辆卡车组成的浩浩荡荡的队伍。

你知道吗

日喀则

　　日喀则市地处西藏西南部、雅鲁藏布江及其主要支流年楚河的汇流处，总面积约3875平方千米，市区平均海拔3836米。其属高原温带半干旱季风气候区。日喀则，是一座古老的城市，距今已有600多年的历史，现为国家级历史文化名城。

3月19日，一个风雪交加的日子，干燥的雪粒像浓雾一样弥漫在山峦上空，阵阵刺骨的寒风把沙石卷起很高。中国登山队的全体队员，冒着风雪和严寒，来到了珠穆朗玛峰的脚下。在他们的头顶，是世界的第一高峰，一座巨型的金字塔。它巍然雄踞在白雪皑皑的喜马拉雅山脉上，峡谷中悬挂着几条大冰川。这里是冰的王国，雪的世界。

登山队员们跋涉到海拔5120米。他们在著名的绒布寺的上方，找到了一块谷地。这是一道已经萎缩的山谷冰川的脊部。登山队决定，将大本营扎在这里。

中国登山队在这里建立了当时世界上最大的登山基地。他们把这个基地称为喜马拉雅新村。这个硕大的喜马拉雅新村，设施先进，设备齐全。

每一位中国登山家都明白，是全国人民，为他们在珠穆朗玛峰上搭起了巨大的舞台。全体中国人民都渴望他们能在这个举世瞩目的大舞台上，有一幕辉煌的演出，能真正表现出一个伟大民族的英雄气概。

◎ 周密的登顶计划

在喜马拉雅新村的村口，有一个用松柏和红布扎成的象征性彩门。登山队在两边的门框上贴上了一副大红对联："英雄气概山河，敢笑珠峰不高。"横批是："人定胜天。"中国登山家们的万丈豪气，由此可见。然而，珠穆朗玛山区气候瞬息万变，暴风雨常常把帐篷刮得东倒西歪，还有发出雷鸣般轰响的冰崩，零下二三十摄氏度的严寒，和高不可攀的险峻山峰……在第二次世界大战前，珠穆朗玛峰曾接连击退英国人的 8 次进攻。为了打通一条通向"北坳"的路线，英国人曾付出了 11 人生命的代价。今天，它对待只有不到 5 年登山历史的中国人，难道会客气一点吗？

总指挥部的大帐篷内，国家体委的韩复东司长、登山队的史占春队长等一遍又一遍地研究着英国人、瑞士人攀登珠穆朗玛峰的资料，一遍又一遍地总结着美国人、法国人、德国人攀登 8000 米以上高峰的经验与教训。当然，中国人也有自己的长处，要不然，就不会选择早被英国人宣布为死路的北坳作为进军路线。

在指挥部的统一规划下，登山队一到大本营，战线便立即全面铺开。在荒凉的山坡上，工作人员尽心尽力地做好了各种准备工作。

与此同时，登山队的负责人，根据历史资料、侦察报告和登山队员们的意见，制定了征服珠穆朗玛峰的攀登计划。计划制定者认为，征服 8000 米以上的高峰，不能指望一次行军就夺取胜利，而必须经过几次适应性的行军，逐步适应，逐步上升，然后再集中主力突击主峰。因此，他们把征服珠穆朗玛峰的伟大"战争"分为 4 个"战役"。

第一"战役"，队员们从大本营出发，到达海拔 6400 米的地方，然后返回大本营休息。

第二"战役"，从大本营出发，上升到海拔 7000 米的地方，然后返回大本营休息。

第三"战役"，从大本营出发，上升到海拔 8300 米的地方，完成后依旧返回大本营。

这三次适应性的行军，登山队员一方面可以在沿途不同的海拔建立起许多个高山营地，为最后夺取主峰创造物质条件。另一方面，逐步地上升高度，使队员们有充分的时间去适应高山环境。

在这以后，第四"战役"就要求队员从大本营出发，直抵海拔 8500 米的地方，建立夺取主峰的突击营地。然后，从这个突击营地出发登上主峰。

◎ 发现英国登山者尸体

1960 年 3 月 25 日，天气晴朗。中午 12 时，全体登山队员根据登山队的决定，背起背包，手持冰镐来到喜马拉雅新村广场集合。

在庄严的国歌声中，举行了升旗仪式。随后，队长史占春宣布向珠穆朗玛峰发起挑战的命令："现在，中国登山队开始向世界第一高峰挺进！"

登山队员们沿着东绒布冰川的中脊路线，开始了对珠穆朗玛峰的第一次适应性攀登。东绒布冰川是绒布冰川三大支系中的一支，它的下部覆盖着起伏的冰丘，有的地方露出巨大的冰墙，低洼的地方则汇成冰湖。东绒布冰川的坚厚冰块似江河一般沿着弯曲的峡谷缓慢地移动着，中国登山队员们就要从这陡滑的冰川上攀登上去。登山队员们跨越东绒布冰川之后，时间已到傍晚，他们迎着凛冽的山风，在海拔 5400 米的山坡上，扎下了营地。

你知道吗

冰 丘

在冰缘地区的松软岩层中，由于冻胀作用引起土层局部隆起的丘状地形。

在这个营地下方的山岩上，登山队员们看到了几个乱石围垒的空地，里面散堆着已经锈烂的罐头皮和黑皮鞋，从模糊不清的一些英文商标上来分析，这些应该是第二次世界大战前英国远征队的遗物。中国登山队员就伴随着这些历史遗物，度过了在珠穆朗玛峰上的第一个夜晚。

第二天清晨，登山队员们用攀岩的方法翻过一道险峻的岩壁之后，开始进入冰塔区。这里是一个奇异的水晶世界，有数不清的尖锥形冰塔，有的高达十几米甚至几十米。它们玲珑剔透、晶莹夺目，把周围装扮成了一座冰雪的森林。壮丽的奇景激发了登山队员们的童心，他们欢呼着、歌唱着，不顾疲劳，忘了危险，孩子般地在冰塔间转来转去，还不时地用摄影机把这一切摄入镜头。

然而，路越来越难走了，人们常常只能在冰塔间的狭窄裂缝中艰难行走。在高山上强烈的日照下，冰面冒着气泡，裂缝中不时响起冰块炸开的声音。

接着，巨大的冰塔崩塌下来。岩石般坚硬的冰块沉重地打下来，纷纷四散，给途经这里的登山队员的生命构成了严重的威胁。

队伍暂时停了下来，以便寻找更安全的路线。就在这个时候，有人发现了带领侦察队在前面开道的许竞副队长留下的示警纸条："危险！冰崩地区，攀右侧山坡绕行。切勿停留，速去！速去！"

大家遵照嘱咐，来到了右侧山坡。抬头一看：哇！细心的侦察队员们已经用冰镐在雪地上为他们刨出了一级级整齐的台阶，修出了一条攀登之路。这条路一直通到海拔 5900 米的第二号营地。

珠穆朗玛峰北坡近景

走出第二号营地，登山队员们立即进入东绒布冰川的巨大雪盆。这是一片漫无边际的冰雪台地，冰川坎坷而且陡滑，巨大的裂缝像蜘蛛网般地密布着，几乎每走一步，就要跨越一个死亡陷阱。

下午，天气突然变坏了。刺骨的狂风在中国登山队员的头顶上发出长长的呼啸，刮得人皮肤很疼。接着，浓密的雪粒横扫过来，使得大家都看不见几米之外的路。气温骤然降到零下 20℃。寒冷使得登山队员们的动作变得僵硬起来。大家用"结组"的办法，借助登山索彼此保护，在可见度极差的情况下，只好用冰镐探路，顶风冒雪，继续攀登。

在经过一段山坡下的雪地时，大家暂时停了下来。他们发现，路边的雪堆上有一团黑色的东西，那是一具尸体。尸体侧卧着，估计死者生前是个身高 1.9 米的大个子。英国制的草绿色鸭绒衣早已破烂变色，腰、领等处还留有草绿色毛料样物。尸体的软组织已不复存在，无法辨认面目。中国登山队员们在对尸体进行拍照后，用冰镐刨开雪堆，将尸体就地掩埋了。从对英国远征珠穆朗玛峰的历史情况来分析，这具尸体应该就是在 1934 年单人来珠穆朗玛峰挑战而遇难的英国探险家威尔孙大尉。

知识小链接

软组织

软组织是指人体的皮肤、皮下组织、肌肉、肌腱、韧带、关节囊、滑膜囊、神经、血管等。

傍晚，他们踏着坚冰来到海拔 6400 米的地方，并在那里设立了第三号高山营地。在胜利完成第一"战役"的适应性攀登之后，中国登山队员全部安全地返回了大本营。

◎ 突破北坳

珠穆朗玛峰的北面，耸立着一座顶端尖突、白雪弥漫的山峦，那便是珠穆朗玛峰的姐妹峰——章子峰（海拔 7553 米）。在章子峰与珠穆朗玛峰之间，是绵延起伏的奇陡的冰雪峭壁，因为它坐落在两峰之间的鞍部，是一个大山坳，人们把它称为北坳。

根据英国登山家的经历，从北坡攀登珠穆朗玛峰有两大难关，第一个就是北坳。北坳位于东绒布冰川上游的最上方，顶部的海拔高度为 7050 米，坡度平均在五六十度。它像一座高耸的城墙屹立在珠穆朗玛峰的腰部，是通向东北山脊从而登顶的必经之路。

珠穆朗玛峰北坳

在北坳险陡的坡壁上，堆积着深不可测的万年冰雪，潜伏着无数冰崩和雪崩的槽印，成为珠穆朗玛峰周围最危险的冰崩和雪崩地区。它几乎每年都要发生巨大的冰崩和雪崩，千百吨冰岩和雪块会像火山爆发一样喷泻而下，轰隆声在很远的地方都能听到。

英国探险队在这北坳曾付出过 10 多人死亡的代价。那些幸存的探险家们在后来的回忆录中描写道："此地坡度极大，积雪极深，有深陷的裂缝，行动艰难，特别是经常发生的巨大的块状雪崩，对探险队更是致命的威胁，是从北面攀登珠穆朗玛峰的难关。"

根据征服珠穆朗玛峰的总体规划，中国登山队第二次适应性行军的任务，就是要打通北坳，到达海拔 7000 米以上的地带。

为了争取时间，3 月 28 日，在登山队完成第一次适应性行军返回大本营的同时，副队长许竞带领着一个由 6 名最优秀的登山家组成的侦察组，冒着风雪在北坳开始了攀登。

风雪弥漫，冰坡上时时翻卷起几丈高的雪柱。侦察组的队员们手持冰镐，脚上绑着锐利的钢制冰爪，用尼龙绳连接成一条线，一个跟着一个，攀登在陡滑的冰坡坡面上。

这里正值东绒布冰川的冰区，地形陡险而多明暗裂缝。没有向导，更没有地图，许竞、彭淑力、刘连满等 6 位登山家只有依靠冰镐与双脚来探索冰雪中的道路。如果脚下稍一滑，身体失去重心，一阵旋风就会把人卷到几十丈深的岩底。如果脚正好踩在了裂冰上方的浮雪上，又会坠入无底深渊，更有那雷霆万钧的雪崩，它会把人顷刻埋葬。侦察队员们这回经受着的是九级以上的暴风雪和零下三四十摄氏度的酷寒。从高空刮下的狂风，撞击着岩壁，带着冰碴、雪粒以每秒三四十米的速度回旋着，翻滚着。强劲的风雪打得侦察组队员们双眼不住地流泪，刺骨的寒冷又使得他们全身麻木。但队员们不畏惧、不灰心，彼此鼓励着以每小时 80 米的速度向北坳顶挺进。

七八个小时之后，侦察队员们在风雪中攀到了海拔 6800 米的地方，挡在他们面前的是一条垂

你知道吗

冰　爪

冰爪是冬季登山或者高海拔登山必备的器械。它用来在很滑的冰面或者雪地上站稳脚跟。冬季登山靴要求有足够硬度才能将冰爪真正牢靠地固定在它上面。

直而狭窄的冰裂缝。这条冰裂缝被中国登山家们称为"珠穆朗玛峰冰胡同"，只有竖着从"冰胡同"深深的底部攀登上去，才能到达北坳的顶端。侦察队员们斜靠在冰面上做了短暂休息，然后，毫不犹豫地向"冰胡同"顶端发起了冲击。

许竞、刘大义和彭淑力等走在前面开路。他们大胆地使用了冰雪作业与岩石作业相结合的复杂技术，背靠在"冰胡同"的这一边，双腿蹬在"冰胡同"另一边，一寸一寸地向上移动。这个动作需要全身用力，尽管是在零下三四十摄氏度的严寒下，不到两三分钟，他们全身就被汗水湿透，呼吸也更加急促起来。

刘大义这天在患感冒，体力相对虚弱。在攀登这个"冰胡同"的过程中，他因为体力不支，连续3次在中途跌落下来，摔得头晕眼花，浑身伤痛。但他咬紧牙关，又开始了第四次攀登。这个不到30米高度的"冰胡同"，竟然使侦察队员们奋斗了一个多小时才登到了顶端。

天黑时分，侦察队员们终于登上了北坳。他们在与风雪搏斗的10多个小时里，忍受着寒冷和疲劳，没有吃饭，连水都没喝上一口。

在侦察任务完成后，副队长许竞顾不上休息，又率领一支修路队，在坡度陡峭的冰面上，刨出了一级级台阶，拉起牢靠的保护绳；在冰裂缝上，搭起了"桥梁"；在垂直的冰墙雪壁上，挂起金属梯，使得被称为"鬼门关"的北坳，出现了一条路。

4月11日，中国登山队的大部队全部登上了北坳，史占春、王凤桐等4名优秀登山家还继续登到了海拔7300米高处，侦察前面的路线。

◎ 生存极限的世界纪录

1960年4月25日，中国登山队打响了攀登珠穆朗玛峰的第三"战役"。4月29日，全体队员重新到达北坳顶部，跨向了新的高度。

随着海拔的升高，空气越来越稀薄。队员们在新的高度上变得虚弱起来，活动也更加困难。在攀登海拔7400米附近一段直线距离不到20米的岩坡时，他们用了4次才爬了上去。

这时，一道宽阔而陡峭的雪槽挡住了全队的去路。刘连满背负着 30 多千克重的背包，自告奋勇地走在前头为全队开路。他先撑着冰镐，使自己站稳脚跟，然后又一下一下地在冰上刨出台阶。由于高山缺氧，加上体力的严重消耗，刘连满感到眼冒金星，胸口疼痛得几乎要炸裂，好几次都差点要倒下。但是，当想到大队正沿着他开凿的道路前进时，他还是以巨大的毅力，尽量地加快自己的动作。

经过两天的艰苦行军，登山队的全体队员安全地抵达了海拔 7600 米的地方。他们在建立了营地进行休整后，在 5 月 2 日晚间，队长史占春、副队长许竞和藏族队员拉八才仁、米马又组成了侦察组，连夜向海拔 8100 米的高度进发。他们打算先建立起 8000 米以上的第一个营地，迎接后面队员的到来。

严重风化的石灰岩坡岭上，堆积着极易滚动的乱石和岩片，脚踩下去，立刻会陷进乱石缝里拔不出来，如果用力蹬踏，石块就会像冰雹一样滚下，极易使身体失去平衡。为了取得对高山环境的更好适应能力。4 名登山家尽管背着轻便氧气筒，但都没有使用，他们艰难地喘着气，缓慢地移动着脚步。

天完全黑了，四周蒙眬一片，只有远处山峦上的积雪发出微弱的白光。刺骨的寒风不住地撞击着山岩，发出凄厉的声音。登山家们用冰镐试探着道路，用观看星斗的方式辨别着方向。他们的脚步声在山谷的夜空中发出沉重的震荡，高山靴上的钢钉在岩块上敲击出点点火花。终于，他们在深夜到达了目的地，在海拔 8100 米的地方支起了营帐。

然而，新的困难几乎将他们逼入了绝境，他们的食品已经一无所剩了。连日来，由于运送物资的队伍遭到风雪的阻挡，登山队员们每天只能依靠几口炒面、几块糖果，维持半饥半饱的生活。对于这 4 位开路先锋来说，在他们奋战十几个小时、肚子饿得咕咕叫唤的时候，却连一点吃的也得不到了。这种情况如果继续下去，整个计划就会被打乱。

藏族队员拉八才仁和米马站起来请求允许他们返回 7600 米的营地去想办法。这两个藏族小伙子整整地奋战了一夜，又毅然顶着零下 40℃ 的严寒，走进了苍茫的夜色之中。

他们在到达 7600 米营地后，极度的疲劳使米马的身体垮了下来，他躺在帐篷里，一动也动弹不了了。但是，运输队仍未上来。王凤桐、石竞和藏族队员贡布连忙把他们携带的不多的炒面装好，同拉八才仁一道，在黎明时分赶到了8100米营地。

为了进一步确定突击顶峰的路线，第二天上午，史占春、许竞、王凤桐、石竞、拉八才仁和贡布6人又开始向更高的高度前进。

在当时的科学界，曾把海拔8000米以上高度的地区称为死亡地带。据科学界的预测，海拔高度为零的海平面上，空气中氧气分压为150毫米水银柱，而到了8000米高度，氧气分压只有46毫米水银柱，还不到平时氧气含量的 $\frac{1}{3}$。严重的缺氧状况，会造成人体机能的各种不良反应，甚至死亡。因此，在当时的国际登山界，8000米是一个高度极限，如果不使用氧气瓶，在这样的高度上生存是难以想象的。

拓展阅读

氧气瓶

氧气瓶是医院、急救站、疗养院、家庭护理、战地救护、个人保健以及各种缺氧环境补充用氧较理想的供氧设备。

史占春等6人在很少使用氧气瓶的情况下，心脏跳动得特别猛烈，但他们仍坚持着，他们要亲自试试人体在死亡地带的反应。

他们踏过白雪皑皑的山坡，走过一条狭窄的山岭侧脊，成功地绕过了珠穆朗玛峰的第一台阶。然后，他们又走上了铺盖着重重叠叠黄色风化石的陡坡。这个陡坡像一根带子围绕在珠穆朗玛顶峰之下，曾让英国探险队吃足了苦头。现在，他们顺利地通过了。

许竞、拉八才仁和贡布三人在海拔8500米处停了下来，着手建立中国登山队的最后一个营地——突击营地。

而史占春和王凤桐还不满意他们所达到的高度，决定继续前进，开始攀登被英国登山家认为是"不可超越"的"第二台阶"。

"第二台阶"是一座陡峭而光滑的岩壁，高度为30米，坡度为70°左右，攀登者在这道岩壁上几乎找不到任何支撑点。这里是 1924 年著名登山家玛洛里和欧文失踪的地方，也是阻挡英国登山队从北坡登顶的最后难关。

史占春和王凤桐匍匐在岩壁上一点一点地向上移动。他们翻过巨大的岩坡，终于在当天晚上 9 时攀登到了海拔 8600 米处的"第二台阶"顶部，这比预定的第三"战役"计划到达高度高出了整整 300 米。天色漆黑，周围什么也看不见。为了准确地找到突击顶峰的路线，他们决定在这里过一夜，等天明后再进行侦察。为了以防万一，他们决定不用氧气瓶。

史占春和王凤桐用冰镐挖了一个雪洞，两人在雪洞中紧紧地挤坐在一起，度过了一个寒风呼啸的夜晚。

这一夜，他们十分沉着地创造了一项在世界登山史上了不起的纪录：不用人工氧气，在 8600 米高度安全宿营。

◎ 凌晨登顶

转眼已到了 5 月中旬，气象预报说，1960 年的雨季将在 6 月初到来。如果不抓紧有利时机，中国登山队向珠穆朗玛峰的第一次挑战将因为雨季的来临半途而废。所以，中国登山家们的第四"战役"是背水一战。在这一年中，他们只有这么一次机会了。

知识小链接

雨　季

雨季是指一年中降水相对集中的季节，即每年降水比较集中的湿润多雨季节。在我国，南方雨季为 4～9 月，北方为 6～9 月。

---

5 月 17 日清晨，绒布冰川河谷上空云雾迷茫，全体登山队员集合在大本营喜马拉雅新村的广场上，参加对突击队的授旗仪式。负责基地营全面领导的韩复东，亲手把一面代表全中国人民期望的五星红旗交给突击队员，委托他们把这面旗帜插上地球之巅，从而向全世界宣布，中国人从自己的国土上登上了珠穆朗玛峰。

13 名优秀的登山家在副队长许竞的率领下，激动地举起了右手，庄严地宣誓——任何困难都阻挡不住我们前进，不征服顶峰，誓不收兵！

他们心里很明白这次授旗的分量，也完全懂得形势的要求和全中国人民的殷切期望。

困难是巨大的，前几次行军过程中发生了较多的人员冻伤，各个高山营地上储备的食品和氧气都有不同程度的消耗，尤其是在 8000 米以上的几个营地，食品与氧气都所剩无几。这是一场冒险程度相当大的突击。

突击队员们在锣鼓声、欢呼声中告别了大本营里的战友，踏上征途，向云雾重重的山岭间挺进。为了节约时间，他们以急行军的速度，三天就到达了海拔 7007 米的第四号营地。23 日中午，许竞带领着 13 名队员赶到了海拔 8500 米的地方，并在这里把突击营地改建在一块雪坡上。

5 月 23 日晚上 10 时，从海拔 6400 米处的第三号营地发出了信号：24 日为好天气。这个消息让突击队员们振奋不已。

5 月 24 日清晨，阳光灿烂，朵朵白云环绕着珠穆朗玛尖锥形的顶峰飘荡。9 时半，突击队员们由突击营地出发。在前几次的行军中，副队长许竞一直担任侦察任务，体力消耗过大，这回他只走出 10 米便倒下了。突击队决定由王富洲率领刘连满、屈银华和贡布承担最后登顶的任务。现在，整个中国登山队还能继续冲刺的，只剩下他们 4 个人了。但是，就他们这 4 个人，由于经历了一个星期的连续攀登，体力上也有了极大的消耗。

王富洲等 4 人组成的突击组走了整整两个小时才上升了 70 米，来到了"第二台阶"下方。在缺乏体力难以发挥技术的情况下，他们一次次地攀登，又一次次地从"第二台阶"那陡峭的

广角镜

哈尔滨

哈尔滨市是黑龙江省省会，中国东北北部的政治、经济、文化和交通中心，东北北部地区最大的中心城市。全市面积约 5.31 万平方千米。哈尔滨是中国著名的历史文化名城和旅游城市，素有"冰城""天鹅项下的珍珠""东方小巴黎"以及"冰城夏都"等美称。

石墙上掉下来，在 5 个小时里，他们经历了十几次的失败。

刘连满又一次自告奋勇充当开路先锋。这位来自哈尔滨的消防员，总是不声不响地寻找最艰苦的事情来干。依次跟在他身后的是昔日的西藏农奴贡布、地质队员王富洲和林业工人屈银华。他们 4 个人咬紧牙关，慢慢地接近了"第二台阶"的顶部，5 米、4 米、3 米……然而，就这 3 米，又让他们重重跌下来了 3 次。事态变得严峻起来，中国登山队的巨大努力，全中国人的期望，眼看要因为这 3 米而付诸东流了。

气喘吁吁的刘连满又蹲了下来，他骤然想起消防队里的一项技术——搭人梯。他要屈银华踩在自己的肩膀上，他要把屈银华托上"第二台阶"。

屈银华看了看自己脚下钢牙铁爪的登山鞋，不忍心往自己伙伴的肩上踩，可是为了中国登山队的最后胜利，他又不得不踩。他冒着零下 30℃ 的严寒，不顾被冻掉脚趾的危险，毅然脱掉了登山鞋。他不能踩伤自己的伙伴。

刘连满咬紧牙关站了起来，他已经好久没有吸氧，24 个小时没进食。在这样的高度里，任何一个受力的动作都会给身体招来极其难忍的反应。他气喘急促，眼冒金星，两腿剧烈地打战。这个普通的共产党员，这回已决心拼掉这条命了。他使足了全身的劲，支撑着，支撑着……然而，刘连满已经站直了，屈银华却还是够不着顶。于是，刘连满又用双手默默地举起冰镐，满含热泪的屈银华又站在了镐头上。这又是一项奇迹，刘连满在极度疲倦的情况下，在高度缺氧的 8500 多米海拔上，竟然发出如此惊人的力量：用自己的双臂，把同伴举上了"第二台阶"。

屈银华上去了，他用那根连接着 4 个人的登山索，把同伴们一个个地拉上了"第二台阶"。然后，4 个人稍事休息。

太阳已经偏西，他们却还有 280 多米高度的攀登路程。在这最后的路途上，在体力虚弱和严重缺氧的情况下，进行黑夜高山攀登是具有很大危险性的。但是，为了在雨季来临以前的最后一个好天气周期内征服珠穆朗玛峰，他们只有冒险前进。

由于在征服"第二台阶"时，刘连满一连顶起了屈银华等伙伴，体力消耗太大，又得不到食品补充，他的行动越来越迟缓，走不了几步就要坐下来或躺下来休息。这样，在他们终于到达海拔 8600 米时，大家坐下来开了一个简短的会议。

情况很不妙：食物只剩下了几颗水果糖，但是大家已有 30 多个小时没吃到粮食了；全部的氧只剩下 80 多升，肯定不够用；刘连满已无法前进，大家的体力消耗也已经过大，再拖下去，有全军覆没的危险。为此，会议果断地决定，刘连满留在原地，把所剩的几块糖和 80 多升氧气全留给他，让他尽快恢复体力，其余的三人，则冒着黑夜的严寒继续前进。

刘连满为了不拖累全组，同意留下，但是，他坚决不同意把食物和氧气全留给他。他说："我留在原地不动，体力消耗就少，你们比我更需要氧气和糖，快走吧！祖国和人民还在等着你们的好消息！"

王富洲顿时泪水纵横。他对刘连满说："连满，安心休息，等我们回来再一起下山！"他又回头对贡布和屈银华说："不管情况多么严重，我们只有前进的义务，而绝没有后退的权利，前进！"

他们拥抱了刘连满，转身消失在寒风呼啸的黑夜之中。

雪坡越来越滑，王富洲、贡布和屈银华改道经东北方向的岩石坡向主峰突击。他们翻过两座坡度在 60°以上的岩石坡，又开始攀登一座岩壁。贡布上前开路，不到几分钟就累得浑身颤抖。于是，屈银华上前接替贡布，他经过了很长时间才前进了两三步，忽然两腿一软，又滑了下来。最后，又换上了王富洲，这才总算开出了前进的路。

夜色浓重，珠穆朗玛峰山岭间蒙眬一片，只有峰顶能看出隐约的轮廓。为了防止意外，3 名登山家都匍匐着前进，凭借雪光辨认前进的道路，终于上升到了海拔 8620 米。

夜深了，远处山下一片漆黑，点点星光在空中闪耀，珠穆朗玛顶峰的黑影在他们的眼中变得低矮了。然而，就在这个时候，他们带着的氧气全部用完了。

王富洲站在岩坡上沉默了一会儿，然后郑重地说："我们三人担负着攻克主峰的任务。氧气没有了，继续前进可能有生命危险，可我们能后退吗？"

屈银华和贡布异口同声回答："继续前进！"

3 位中国英雄毅然甩掉氧气瓶，开始了人类史上从未有过的危险历程。

现在，他们每前进一步就不得不停下来休息很长的时间。严重的缺氧，使他们头晕、眼花、气喘、无力，甚至越过一块一米高的岩石，也要花掉半个多小时。他们互相扶持着、鼓励着，顽强地坚持前进。突然，走在最前边的贡布停了下来。

"怎么啦？贡布。"王富洲问。

"到啦！到啦！"贡布放声喊了起来，　"再走，就要从南面下山啦！"

"哇，到啦！"王富洲、屈银华相继赶了上来。

3 名中国勇士在零下 30℃ 的气温下，登上了世界最高峰。他们流着激动的热泪展开了五星红旗。

首次珠穆朗玛峰北坡登顶

他们在峰顶停留了 15 分钟。贡布把五星红旗放到顶峰东北边一块大岩上。

📌 最后一座 8000 多米的处女峰

◎ 艰苦训练

1964 年春天，已经从北坡首登珠穆朗玛峰的中国登山家们，率先组队来到希夏邦马峰下，决心一举征服这座对全世界人们来说都十分陌生的山峰。

中国登山家们在攀登希夏邦马峰之前，制定了非常严格的安全保护措施。中国登山家们的目标不仅仅是征服这座最后的处女峰，而且还要为世界登山运动创造一个安全的范例。

希夏邦马峰是一座多冰雪覆盖的巨峰，几乎有 $\frac{3}{4}$ 的路线是冰雪地区，而且有一半左右是陡坡。针对这个情况，中国登山界在积雪的天山，为来自全国各地的登山运动员组织了十分系统的训练。

这是一种极其艰苦的训练，要练保护技术，首先要设置一些险情：正在冰坡上行进的队员，突然向下滑坠了；正在裂缝跨越的队员，突然向无底的深渊陷落……除了险情制造者以外，这些情况对所有的保护者都是不可预测的。一天练习下来，有的人摔得鼻青脸肿，有的人双手被登山绳勒得血痕累累。

拓展阅读

负重训练

负重训练即以增加肌肉强度及体积为目的的运动训练。使用不同部位骨骼肌组织之收缩（向心收缩或离心收缩）产生之力量，抗衡重力（通常指哑铃、杠铃及其他器械之重量或阻力），使肌肉得到锻炼。针对人体不同的肌肉群组，有不同的重量训练动作。

希夏邦马峰的另一个特点是攀登路线长，总共达 36 千米，比世界第一高峰珠穆朗玛峰的路线长得多。加上大风与严寒，如果没有足够的体力是无法适应的。为了更好地结合专项并争取时间，中国登山队又于 1963 年 9 月开赴山城重庆，开始了为期 4 个月的强化素质训练。重点是提高队员的肩、背、腰负重力量，增强下肢的耐力和上肢的拉力与握力。在实际的登山中，运动员们负重量是 15～24 千克，而在训练中，他们则经常背着 31 千克重的石头，连续进行六七天，每天 6 小时负重行军。为了适应高山缺氧的环境，训练项目中又增加了水下憋气和潜泳。手指力量的练习，也从随时捏小皮球、做引体向上，发展到用指头钩住建筑物的砖缝把身体及背包重量悬在上面，比赛谁坚持的时间长。

◎ 开拓前进

如果想从资料和地图上寻找攀登希夏邦马峰之路，那是白费工夫，因为当时人类对于希夏邦马峰还一无所知。在四顾茫茫的冰檐雪脊间，在巍峨的峻石峭壁前，哪里是通向峰顶的安全道路呢？

在中国登山队的大队人马进入希夏邦马峰以前，寻找攀登路线的艰苦战斗就已开始。那是在青藏高原的寒冬，中国第一支登山侦察队的第一侦察组由登山家刘连满率领来到了希夏邦马峰。他们访问了山区许多牧民与猎手，足迹踏遍巨峰的东南西北，对山势走向和地形特点进行了初步的观察。

紧接着，第二侦察组登上了希夏邦马峰对面的一座海拔 6000 米的秃山头，从这里向西瞭望，在它的山谷里发现了一条 15 千米长的冰川，这很可能是一条天然的攀登路线。然后又沿这条冰川上行，到达了海拔 5800 米的冰塔区。他们又沿着希夏邦马峰西北面的冰雪台地向上攀登，穿过宽阔的裂缝，踏着一米多深的积雪，上到了海拔 6500 米的冰雪台地。这一回，他们从巨型望远镜里，发现了一条可能通向顶峰的路线。

在此之后，以登山家阎栋梁为首的第三侦察组为最后确定攀登路线又做了侦察。这次他们却碰上了十分恶劣的天气，寒风大作，从清晨一直刮到深夜。阵阵雪粒，好似利刃在刺割。道路凶险莫测，时而坚冰，时而松雪，队员们深一脚浅一脚，经历了千辛万苦，终于穿过冰雪走廊，攀上陡滑的冰坡，最后登上了海拔 7160 米的高度。这里距离顶峰只有 800 多米了。

这样，一条连贯希夏邦马峰北坡的可能攀登的路线出现在大本营里的规划图纸上。

路线大致确定以后，接下来的是运输和建营任务。

根据事前的计划，登山队队长许竞首先率领一支运输分队向上进发。他们的任务是以两次行军，完成海拔 6900 米以下各营地的建设及物资运输任务，为以后的总进攻做好准备。

许竞等人首先在海拔 5300 米的地方设立了第一号营地。第二天，他们继续上攀拐过一道山弯，到达了野博康加勒冰川的侧碛（冰川两旁由碎石和泥构成的物质）。在这以后，道路一下子变得艰险万分。左面是几十丈深的山谷，奇异的冰峰雪塔峭然耸立，宛如一片冰雪森林，如果稍有差错就会滑入这个"森林"而粉身碎骨；右面是一片倾斜度很大的岩石坡，冰川运动遗留下来的巨块岩石，犬牙交错，使登山家们不得不迂回前进。

第一步的登山任务顺利完成，但是，这对于征服希夏邦马峰的全部行动来说，仅仅是个开始。

在大本营里，登山队队长许竞坐在一幅巨大的天气图面前，把要点一一记录在笔记本上，又陷入了沉思。

现在已经是 4 月 14 日，按照计划，一支高山物资运输队正在海拔 5800 米的第二号营地待命。一旦出现好天气，他们就立即攀向海拔 7000 米以上地区，在海拔 7500 米和 7700 米的地方分别建立第五号高山营地和最后的"突击营地"，为最后的胜利创造条件。目前，天气图上所有的符号和标记都清楚地表明，适宜登高的好天气将在两天后出现。

多次登山的经验告诉许竞，在海拔 7000 米以上的地段行动，必须巧妙地利用好天气。因此，根据气象预测，运输队必须立即出发，先登上海拔 6900 米的第四号高山营地待命。不巧的是，偏偏在这个关键时刻，与运输队的无线电报联络出现了故障。

不能再等了，为了整个登山"战役"的顺利进行，必须派人火速把命令传达到第二号营地的运输队里。

14 日 13 时 3 分，藏族队员洛桑庆与巴桑加布领命出发，开始向第二号营地攀登。行程弯弯曲曲，路面坎坷，他们俩的头开始胀痛，两腿又酸又麻。但是，为了及时把命令送到，他们争分夺秒，仅用了 4 个小时便完成了传令任务。

在第二号营地面前的岩石坡上，登山队王凤桐立即开会传达行军命令，并且做了周密的安排。14 日 18 时 15 分，这支 40 人的运输队向冰雪世界进发。天下着大雪，暮色正在逼近，能见度愈来愈低，不久，队员们连自己的脚印也看不清了。队伍上攀到海拔 6000 米的陡坡时，风渐渐地停息下来，雪却下得更大了。没有月光，没有星光，浓重的夜色下，只有登山队员们手电筒射出的点点微光，前进方位、坡度和地形特点都隐没在手电光无法射到的无边黑暗之中。40 名勇士挽紧结组绳，一个挨一个，一步跟一步，硬是凭着冰镐和双脚的触觉，谨慎地前进。

突然，一道光亮从人们的脚下闪过。接着，冰镐的钢尖又吐出刺眼的火苗。手一举，手指竟然现出色彩，口一张，连呼吸也带着恐怖的白光。离奇的光亮在夜空中忽闪着，变幻莫测，让人头晕目眩。这是高山上常有的一种静电现象，尽管危险，但惧怕是没有一点用处的。

4月15日0时，这支运输队到达了雪坡的顶部。从地形上判断，这里是海拔6300米的第三号高山营地。由于黑暗与大雪的干扰，队员们无法找到第三号营地的帐篷。这时候，旋风开始袭来，气温降到了零下20℃。王凤桐认为，如果在这里露营，很可能会发生伤亡。于是，他果断地决定，连夜返回第二号营地，天亮后再重新出征。

知识小链接

静　电

静电是一种处于静止状态的电荷。在干燥和多风的秋天，在日常生活中，人们常常会碰到这种现象：晚上脱衣服睡觉时，黑暗中常听到噼啪的声响，而且伴有蓝光；见面握手时，手指刚一接触到对方，会突然感到指尖针刺般刺痛，令人大惊失色；早上起来梳头时，头发会经常"飘"起来，越理越乱；拉门把手、开水龙头时都会"触电"，时常发出"啪、啪"的声响；这些就是发生在人体的静电。

4月20日，经过艰苦奋战的队员们终于背着重负越过了狭窄的冰雪走廊，登上了海拔7000米以上的东北山脊。他们赶上了一个少有的晴天，然而这里的道路却比任何地段都更艰难。在他们的右侧，是那高耸的山脊，左侧是通向山麓的几十丈高的雪坡，中间则是一条坡度为40°的"龟背"。突兀的岩石上，覆盖着点点白雪，滚动的石块与松雪，

拓展阅读

坡　度

坡度是地表陡缓的程度，通常把坡面的垂直高度和水平宽度的比叫作坡度（或叫做坡比）用字母i表示。

使他们每跨一步都有失足的危险。

在接近海拔 7400 米的地方，一块巨大的危岩阻挡住了他们的去路。优秀登山家阎栋梁试图登上岩石的顶端，固定一根尼龙绳以便于大队通过。他双手插进岩缝，用脚踏住岩边一点一点地上移。然而，他一连登了 4 次都摔了下来，跌得他四肢酸软、浑身疼痛。阎栋梁望望身后的同伴，咬紧牙关第五次攀上去。这一次顽固的危岩终于被他踩在了脚下。他们成功地战胜了困难，取得了胜利。

奋战了 12 个小时以后，40 名队员全部到达海拔 7500 米的地方，建立了第五号高山营地。

4 月 21 日，30 名队员从刚建立的第五号高山营地出发，继续负重前进。他们的前边，巨大的冰崩区在闪闪发亮，连绵不断的尖锥形冰柱成了不可攀越的"刀山"。坡度大到 50°以上，艰难的道路使队员们不得不分成两组，轮流在前面进行刨出冰台阶这项十分艰苦的工作。在这一过程中，登山家刘大义率领他的小组表现出了超人的毅力与能力。他们在许多极端困难的地段，凭着扎实的基本功，打通了道路。5 个小时之后，30 名队员全部到达海拔 7700 米的赭色石塔附近。又经过两个小时的紧张奋斗，一座进攻希夏邦马峰的最后"桥头堡"——突击营地终于建立起来了。

◎ 成功登顶

1964 年 4 月 25 日拂晓，蒙眬的曙光出现在东方的天际，中国登山大本营的人们，在淡青色的晨雾中用松柏和树枝搭起了高大的"出征门"。

4 月 25 日上午 10 时，由 6 名汉族登山家与 7 名藏族登山家组成的突击队来到大本营帐篷外的高山草场上。他们由许竞、张俊岩和王富洲带领，面对五星红旗庄严宣誓："悬崖峭壁挡不住我们前进的脚步，狂风大雪只能使我们更加奋勇向前。为了祖国，我们誓把五星红旗插上峰巅！"

迎接突击队的依然是漫天的风雪和刺骨的寒风。队员们在三天的时间里不停地跋涉，越过野博康加勒冰川，突破希夏邦马峰下陡滑的"冰塔防线"，到达了海拔 6300 米的第三号高山营地。然后，他们在被冰雪掩埋的帐篷里，度过了一个恐怖的风雪之夜。

5月1日，突击队员终于到达了海拔7700米的"突击营地"。这一次，他们碰上了好运气，从大本营传来的消息说：明天，5月2日上午，是好天气，可以突击顶峰。

队长许竞立即召开会议。会议决定，5月2日，全体突击队员4时起床，6时开始向顶峰发起总攻。

出发的时间快到了，队员们走出帐篷。寒风迎面扑来，他们不由得打了个寒战。这时，天色明亮了一些，路线也清晰起来。大家绑好冰爪，背上背包，结好组绳。在零下30℃的严寒里，静静地等待着队长的出发命令。

6时整，许竞发出命令："现在，让我们冒着严寒，向海拔8012米的顶峰前进！"

突击队员们结成了3个绳组，由优秀登山家邬宗岳在最前面充当开路先锋。天色又昏暗起来，道路时明时暗，大家不得不时时打开手电筒照路。在陡峭的硬雪坡上，冰雪世界异常地寂静。大家互相扶持着，缓慢地前行。

队员们到达海拔7800米的高度时，东方开始出现了鱼肚白。天气更冷了，大家尽管穿着高质量的羽绒服，仍然不住地打战。晨雾中，脚下露出发亮的冰层，冰爪发出刺耳的咔喀声。渐渐的，一个巨大的冰坡拦阻在他们的面前。冰坡的上方，是一条山脊的边缘，下方则是几十丈深的峡谷，冰坡的倾斜度在50°以上。突击队必须从这个冰坡上横切过去。

由于通过的人多，临时刨成的冰台阶渐渐地缺损。副政委王富洲在上到一半时，突然脚底打滑发生了滚坠。

"保护！"经验丰富的王富洲没有因突发事件而惊慌失措，而是十分冷静地发出信号，同时立即开始自救。王富洲在身体飞速滚落约20米时，突然感到系住身子的登山索猛地一震，他被拉住了。王富洲休息了一会儿，又开始向上攀行。

行军的队伍走得越来越缓慢，随着高度的增加，每跨一步都变得更加艰难了。强烈的阳光和冰雪交相辉映，登山家们虽然都戴着高山墨镜，却仍然感到金光耀眼。他们满头大汗，呼哧呼哧地喘着大气，似乎全身的力气都已经用尽了。队员们越过了一个巨大的冰瀑区，又开始攀登一个坚硬光滑的冰坡。严重的缺氧已经成为队员们的头号敌人。他们虚弱的身体在恶劣的地形条件下正经受着空前的考验。在他们终于爬完冰坡进入有齐腰深积雪的雪脊时，几乎完全动弹不了了。

"顶峰！顶峰！"

从山脊上传来了队长许竞惊喜的喊叫声，这声音对于后面的队员来说，无异于注入兴奋剂。大家忽然感觉浑身来了劲，脚步也加快了。这个在几十里之外就吸引着他们视线的"尖顶"消失了，现在，出现在他们面前的，只不过是一个微微隆起的小雪包。

太阳升起来了，高空风速加大到每秒 25 米以上，吹得人们喘不过气，走不稳路。然而，队员们互相鼓励着，前进着。他们绕过一个蘑菇状的雪檐，走过一段积雪的山脊，脚下的面积越来越小，眼前的世界却越来越宽广。10位登山家鱼贯而上，到达了一座平坦而微隆的三角形冰雪坡的顶部。这里，便是海拔 8012 米的希夏邦马峰顶。

知识小链接

风　速

风速，简而言之即风的速度。单位时间内风移动的距离。风速没有等级，风力才有等级。风速是风力等级划分的依据。一般来讲，风速越大，风力等级越高，风的破坏性越大。

队长许竞背着猛烈的高空强风取出报话机向大本营报告："10 名队员于 1964 年 5 月 2 日上午北京时间 10 时 20 分胜利登上希夏邦马顶峰。"登山家们欣喜若狂，他们展开鲜艳的五星红旗，让这面代表伟大中国的旗帜在寒风中飘舞……

中国人，中国人，夺取了最后一个 8000 多米的高峰！这消息和胜利者的名字——许竞、张俊岩、王富洲、邬宗岳、陈三、云登多吉、米马扎西、成天亮等一起，跨越千山万水，传遍了全世界。

中国登山队攀登希夏邦马峰的胜利，以其周密的组织调查和高度的团队合作，为世界登山运动树立了一个安全的典范，也为喜马拉雅登山的"黄金时代"画上了一个漂漂亮亮的句号。

不仅如此，中国的电影工作者还拍摄了一部完整的纪录片《探索希夏邦马峰的奥秘》，生动直观地把喜马拉雅山脉 8000 多米高峰的景况展示在世界人民面前。

通过实地测量，测绘工作者确切地计算出希夏邦马峰的高度为海拔 8012 米，而不是过去国际通用的 8013 米。这一米之差是中国科学家历尽千辛万难取得的，是中国测绘工作的一个重要成果。

攀登希夏邦马峰的胜利和大量科学考察成果的取得，使得中国人在世界登山史上占据了一个继往开来、承上启下的重要地位。

◎ 第一次精确测定珠穆朗玛峰高度

20 世纪 60 年代后，世界各国登山运动的水平有了很大的提高。越来越多的登山队把珠穆朗玛峰当做最大的目标，珠穆朗玛峰山麓不但未曾冷落，反而更加热闹了。

在老一代登山家功成名就之后，年轻一代登山家也跃跃欲试，他们要证明自己"青出于蓝而胜于蓝"。

为了再向世界最高峰进军，中国登山队开始了一年的准备，包括侦查路线，队员的选拔与训练，以及一系列食品与装备的制作等。

这次，中国登山队所走的，依旧是东北山脊路线。1975 年 2 月底，中国珠穆朗玛峰登山队的队员带着各种装备、食品分批离开北京，来到了珠穆朗玛峰的北坡脚下。

经过侦查发现，珠穆朗玛峰的情况与 15 年前相比，已大有改变——原来的绒布寺，这时成了一片废墟。从前这里经常有野马、野羊出没，现在几乎绝迹。最使人惊讶的是，天险北坳也换了景象，它比以前更加险峻。大自然用冰雪把北坳改造成一道晶莹的冰雪陡坡，在海拔 6800 米附近，堆积着不久前崩落下来的巨大冰块；6900 米一带，则耸立着一道直达北坳顶部的冰墙，以及纵横交错的冰裂缝。

针对这些新情况，中国登山队总部决定，先派出由十几个教练员和年轻队员组成的侦察修路队，作第一次适应性行军，前往北坳侦察与修路。

1975年3月21日中午，侦察修路队在北坳脚下6600米高度的茫茫冰雪中扎营。次日，队员们出发，在零下20℃的严寒中，一步步地在冰坡上凿出台阶。等到这项工程进行到一大半时，大家发觉这里不适合大队行军，于是果断放弃已基本开好的道路，另找突破口。

由于在高山缺氧的状况下连续高强度作业，队员们的体力消耗极大。几个小时后，当他们终于把一条"之"字形的道路修到6800米高处时，一位名叫巴桑次仁的藏族队员掉进了深不见底的冰裂缝。然而，机警沉着的巴桑次仁没有惊慌，他十分冷静地用背和双脚紧紧地抵住裂缝的两壁，并且牢牢地拉住绳子，使得同伴们有时间赶来营救，避免了一场恶性事故。

侦察修路队架起金属梯，插上路标，又在零下30℃的寒风大雪中攀越几乎直立的冰墙。他们终于登上了北坳。

4月下旬，登山队决定利用4月底出现的好天气，进行第四次行军，并突击顶峰。这一回，中国登山队派出了两支突击队，分别于4月24日与26日从大本营出发。

4月28日，当第一突击队在攀登到北坳7400米风口时，突然遇到了漫天大雪与十级以上的大风。为了避免伤亡，大本营命令两支突击队立即停止突击，下撤到6500米的营地待命。

三天以后，天气好转，两支突击队又开始向上挺进了。5月4日和5日，33名男队员和7名女队员先后到达了海拔8200米营地。行军中，42岁的中国登山队邬宗岳的体力已明显不支。这位曾在珠穆朗玛峰和希夏邦马峰荣立战功的登山英雄，这次作为突击队的领队，他还比别人多背一部电影摄影机、一架照相机和一支信号枪。为了制订行动计划，他在海拔6000米营地里一夜未眠，在七八级的大风中，经常是爬行而上，加上严重的高山反应，使他筋疲力尽。但是，他坚持着，并且还随时端着摄影机，拍摄队员们攀登的镜头。

到达 8200 米营地后，邬宗岳顾不上休息，一边点燃煤气炉，为队员们熬汤，一边鼓励女队员们要坚持到底，争取创造世界女子登山纪录。5 月 5 日，邬宗岳的心跳达每分钟 200 多次，然而他仍然坚持走在队伍的前头。为了拍摄女队员们的攀登镜头，邬宗岳离开结绳组，走到全队后边去摄影。就在这时，他突然滚坠，落入了万丈深谷。

> **你知道吗**
>
> ## 信号枪
>
> 信号枪作为军事上的辅助装备，主要用于夜间战场小范围的信号、照明与观察，指示军事行动或显示战场情况以帮助指战员作出正确判断。此外，信号枪还可用于和平目的，如海上或沙漠中搜索、营救以及夜间管理等。

　　几个小时后，同伴们在海拔 8500 米的地方发现了他的背包、冰镐、氧气瓶和摄影机，背包旁的悬崖处还有物体向下滑坠的痕迹……

　　邬宗岳从此不见踪影。他牺牲了。

　　队员们怀着无比悲痛的心情，在 8600 米的营地度过了一个沉寂的夜晚。

　　5 月 6 日，珠穆朗玛峰 8000 米以上地区刮起十级以上大风。突击队员们无法行动，只能待在营地里。高山旋风愈刮愈烈，队员们在突击营地整整生活了 13 天，体力消耗极大，氧气与食品也快用完了。在无可奈何的情况下，大本营发出了撤回到山下的命令。第一次突击就这样失败了。

　　中国登山家们并没有因为失败而丧失信心，他们准备在 5 月下旬雨季到来之前再次冲击顶峰。为了争取时间，总部决定把 8200 米的高山营地和 8600 米的突击营地分别提高到 8300 米和 8680 米。

　　5 月 17 日和 18 日，撤回大本营还不到一星期的 15 名男队员和 3 名女队员再次出发，向顶峰冲击。

　　正在这时，传来了日本女子登山队副队长田部井淳子首次经南坡创造女子登上珠穆朗玛峰的消息。这消息对于正处在北坡的中国登山家们来说，既是鼓励也是挑战。

　　5 月 25 日，突击队分别到达 8680 米的突击营地和 8300 米的高山营地。

由于体力的原因，有两名女队员和一名男队员在行军途中下撤了。大本营决定，将9名运动员分为两个组，轮流突击顶峰。由索南罗布带领第一组，突击队中唯一的女性潘多率领第二组，于27日登顶。

5月26日，十级大风使得两个突击组的行动再次受阻。下午3时，大本营召开会议决定，两个组必须克服一切困难，在当晚完成任务，5月27日登顶。

大本营在下达命令时，还特地在报话机中对潘多讲话："虽然只有你一个女同志，但你代表着新中国的亿万妇女，一定要努力登上去！"潘多欣然领命，她表示，决不辜负祖国的期望，一定要为新中国的妇女争光。

两个突击组准时于5月26日下午3时半出发。队员们顶着十级大风奋勇前进，经过5个半小时的艰苦搏斗，他们完成了侦察、修路和强行军的任务。21时整，两个组在8680米突击营地会师。

5月27日早晨8时，9名登山家从突击营地出发，开始了最后的战斗。

5月27日14时30分，索南罗布、潘多、罗则、桑珠、大平措、次亿多吉、贡嘎巴桑、侯福生、阿布钦9名登山家终于登上了那一米宽、十几米长的珠穆朗玛顶峰。

拓展阅读

测 绘

测绘是以计算机技术、光电技术、网络通讯技术、空间科学、信息科学为基础，以全球定位系统（GPS）、遥感（RS）、地理信息系统（GIS）为技术核心，将地面已有的特征点和界线通过测量手段获得反映地面现状的图形和位置信息，供工程建设的规划设计和行政管理之用。

在极度的喜悦之后，9名中国登山家感到极度的疲劳。但是，他们仍然坚强地站立起来，打冰锥，拉绳索，将一座高达3米的金属觇标牢牢地树立了起来，然后，又展开鲜艳的五星红旗，拍了电影、照片。他们还捡取岩石标本、冰雪样品，测量冰雪的深度，最后，女登山家潘多静静地躺在顶峰的冰雪上，用无线电遥测仪向20多千米以外的大本营发射无线电信号。他们在这被称为"死亡地带"的地球第三极上整整待了 90 分钟，完成了大量宝贵的科学实验和重要的历史考证。

1975 年，中国人再登珠穆朗玛峰的成功，在人类登山史上写下了两项新的世界纪录，即女子第一次从北坡登顶成功的纪录和在世界最高峰上停留时间最长的纪录。更重要的是，中国登山勇士们与测绘人员密切配合，第一次精确地测定了珠穆朗玛峰的高度为 8848 米。

这座金属觇标是中国人依旧站在世界登山运动前列的历史见证。它的意义与价值远远地超出了测绘高程的作用，在以后的许多年里，它一直发挥着深远的国际影响。

1975 年 9 月，英国登山家赫斯顿和斯科特两人从西南壁登上珠穆朗玛峰后说："我们俩克服极度的疲劳向顶峰走去，抬头一看，春天时由中国人竖立在世界最高峰上的三角架就在前头。我们忍受着一切痛苦，终于走到了它的身旁。三角架是我们登上世界最高峰的见证。"

著名意大利登山家梅斯纳说过："这是世界最高峰顶峰的标记，是 1975 年中国人进行了测量后，设置在这里的标记，是各国登山家们登上地球之巅的见证人，它也是我最忠实的朋友。"

◆ 跨越珠穆朗玛峰

"珠穆朗玛峰，你们能不能从北坡上，而从南坡下？" 1960 年，当时的贺龙元帅，曾这样询问刚刚完成人类历史上第一次从北坡登上世界之巅的中国勇士们。当时，人们没能回答元帅的提问，但是，在珠穆朗玛峰进行真正意义上的翻山越岭，却从此成为中国登山家们梦魂萦绕的一个理想。

1985 年，中国登山协会向日本、尼泊尔登山界提出了一个大胆的建议：中、日、尼三国联合组队，把攀登的难度加大一倍以上，实现在珠穆朗玛峰南北两面同时跨越。这一建议得到日本、尼泊尔登山家们的热烈响应。

三国的登山家们感到，他们是要实现人类登山的一个伟大梦想。他们的使命包括三项主要内容：一是会师，即三国队员在顶峰相逢；二是横跨，指南侧或者北侧的队员翻越珠穆朗玛峰顶，到达另一侧大本营；三是双跨，指两侧队员，分别进入对方大本营。能否进入对方大本营，是横跨、双跨成功的重要标志。

◎ 北侧之路

1988年3月3日，三国登山队的北侧队率先进入了海拔5154米的北侧大本营。3月10日，身穿红、蓝、绿三色醒目服装的中、日、尼三国登山家们在白雪皑皑的珠穆朗玛峰北侧脚下举行了开营仪式。三国的攀登队长宋志义、重广恒夫、塔什藏布在这里同时升起了本国的国旗，由此宣告北侧大本营建营完毕。3月16日，北侧的三国登山家们开始第一次行军，拉开了伟大的世纪双跨的序幕。

你知道吗

攀 岩

攀岩是从登山运动中衍生出来的竞技运动项目。攀登对象主要是岩石峭壁或人造岩墙。攀登时不用工具，仅靠手脚和身体的平衡向上运动，手和手臂要根据支点的不同，采用各种用力方法，如抓、握、挂、抠、撑、推、压等，所以对人的力量要求即身体的柔韧性要求都较高。攀岩时要系上安全带和保护绳，配备绳索等以免发生危险。

1953年以来，人类曾数十次踏上珠穆朗玛峰的顶峰，但是，这座世界上第一高峰并没有因此而有所驯服。1986年至1987年，前来攀登的20多支登山队中，除一队成功登顶外，其余的统统遭到了失败。珠穆朗玛峰这座世界最高峰，依旧保持着它暴虐的特性，所以，这次攀登对每个人来说，仍是一场严峻的考验。

3月16日的行军刚一开始，珠穆朗玛峰就以其不同寻常的暴风雪，对人类这次非同凡响的征服进行抵抗。狂风呼啸，不断撕扯着第一、二、三号营地的帐篷，三国登山家们一连几天被困在营地里无法活动。3月19日，第一号营地的五顶帐篷被暴风撕成了碎布条，同一日，第三号营地的帐篷也被狂风毁坏。

　　但是，三国登山家没有被大风雪吓住。3月22日和23日，以中国登山家次仁多吉、加拉、嘎亚、达穷为前驱的三国修路队终于打通了北坳的第一险关——北坳冰墙，赢得了第一个胜利。在接下来向北坳顶运输的战斗中，三国登山家们又在400米高的北坳冰墙上，与大风雪展开了拉锯战，不时有人败退下来。3月27日，所有的队员又在离北坳顶仅78米处被大风雪打了下去。

　　为了不延误整个登山计划，3月28日，北侧第一队长曾曙生向中方队员发出动员："大本营是汽车能达到的高度，前进营地（海拔6500米）是牦牛能达到的高度，北坳冰墙对于登山队员来说，考验才刚刚开始！"这个考验决非一般，当三国登山人员终于打通北坳冰墙完成第一次行军时，已有5人因病下撤了。下撤人员中，包括中方的一名主力小多布杰。

　　4月1日，第二次行军开始了。4月2日，中、日、尼三方各派出一名主力，向第二险关、海拔7028米至7450米的冰雪地带和大风口发起挑战。这时，中、日双方在具体战术上意见分歧。北侧第一攀登队长重广恒夫没有采纳中方"早行军、早宿营、尽快穿过大风口避开强风区"的建议，结果由小加措、山田升、那旺永旦组成的修路队，只到达海拔7300米处便被狂风推了回来。第二天，重广恒夫接受了中方建议。小加措、山田升和那旺永旦在下午1时突破了大风口。这回，为打通大风口立下头功的小加措因强冷风而遭受了冻伤。

　　4月7日至9日，北侧相继打通了到达海拔7790米第五号营地和8300米第六号营地的道路。接着又是更为艰巨的运输。从未参加过登山的中国队身体素质训练教练孙维奇再三要求参加运输队，被批准后，他竟然背着重负突破了大风口，征服了北坳，一直上升到海拔8300米的高度。

　　4月11日，北侧联队在顺利完成第二次行军之后，全体人员撤回到大本营。这时，每一个登山家关心的问题是能否进入顶峰突击者的名单，因为每一个人都希望亲手在人类征服自然的编年史上写下精彩的一笔。

　　中方主力次仁多吉被委以第一跨越的重任。这位以六个半小时的惊人速度完成从海拔 7028 米到 8300 米运输任务的藏族登山家，在掌声中站了起来，他兴奋地挥起拳头。剩下来的问题是，代表中方与次仁多吉同组的支援队员能不能是李致新。经过两次行军，李致新左脚拇趾已冻伤，如果继续行军，就有坏死的危险，并还会影响到其他的脚趾。

"李致新，你是要登顶还是要脚趾？"

"要登顶！"

"到了 8700 米突击营地后，走不动了怎么办？"

"爬上去！"李致新从牙缝里蹦出这三个字。尔后，他笑了，因为他被正式确定为次仁多吉的支援队员。

接着，曾曙生又确定了中方的第二突击组人员达穷担任跨越任务，罗则为支援。许多队员的眼圈红了，有的像孩子一样大哭起来，因为他们未能进入最后的突击队。曾曙生对 4 名入选队员说："那么多的兄弟把机会给了你们，你们是代表大家上去的。一定要记住这一点啊！"

◎ 南侧的死亡冰川

3 月 3 日，正当北侧联队开始第二阶段行军，并奋战大风口时，南侧联队还在通往南侧大本营的崇山峻岭间盘旋前进。

4 月 4 日，南侧的人马比原计划晚三天抵达大本营。大本营建立在孔布冰川的舌部，四周雪山上不时的冰崩、雪崩，给孔布冰川带来了恐怖的感觉。中方队员虽经长途跋涉，却无暇休息。第二天，他们便背着物资上行。

孔布冰川冰瀑区坐落于珠穆朗玛峰西山脊与鲁布齐山脊之间。自从人类发现了南侧通向顶峰的通道后，已有 100 多名登山者的幽魂在此游荡。因而，这里也有"死亡冰川"之称。它宛如老天爷摔在斜坡上的一块豆腐，支离破碎、沟壑纵横，而无法预测的冰崩、雪崩更是凶险万分。

南侧联队在孔布冰川架设了 30 多架金属梯，并且还在许多地段拉上保护绳。尽管如此，前进中的险情仍频频发生。

知识小链接

冰　舌

　　山地冰川离开粒雪盆后的冰体部分，呈舌状，故名。与消融区大体相当，是冰川作用最活跃的一段。表面常有冰面流水，冰裂隙，冰内还能形成冰洞、冰钟乳、冰下河，其前端常因冰雪补给和消融对比的变化而变化，发生冰川的进退。冰舌的长度、宽度大小差异很大，由冰川形成和发展的条件决定。

　　4月6日，加布、王勇峰、拉巴三人在前往6100米的第一号营地途中遇到冰川塌陷，一时间，方圆200米内的地段纷纷塌陷，声势惊人。幸好，他们三人当时不是处于"震中"地段，总算还有机会逃脱。

　　4月8日，丹真多吉、仁那等三人在第一号营地附近遇上了特大雪崩，他们拼命奔跑。危急关头，丹真多吉急中生智，他在帐篷附近打了个滚，才躲开了巨大冰块的追打。

　　4月11日，尼泊尔队员巴顿在接近第一号营地时不慎滑倒，落入一个深达40米的冰裂缝，他用手足拼死抵住两边的冰壁，一边拼命吹口哨报警，一边全力摇动路旗求救。幸亏中方南侧攀登队长仁青平措及时相救，巴顿才捡回了一条性命。

　　最为惊心动魄的是5月3日的冰川大塌陷，它差点儿使南侧中方第二突击队的三名队员遭受不幸。当时，加布、杨久晖、拉巴三人正在海拔5800米高度上前进。突然，他们周围的300米冰川开始了大塌陷。杨久晖的下身被碎冰埋住，随着冰块横移了3米。加布在返身抢救杨久晖时，脚下的冰面犹如被踩碎的玻璃，"啪啪"地四散裂开，冰裂缝在一瞬间扩向了四周所有的地方，冰裂声令人心惊胆战。他们能最后脱险，不能不说是一个奇迹。

　　在大自然面前，人是强大的，也是渺小的，关键是要有坚强的意志和超常的勇气。凭着这样的勇气，登山家们才能闯过生死关，才能建立功绩。

　　4月18日，北侧联队已经在海拔8300米的第六号营地储备了6瓶氧气、13根绳子和必需的燃料，结束了第二次行军。此时，南侧联队才刚刚地建好海拔7400米的第三号营地。暴风雨打乱了预定的时间安排，既定计划又要求他们迅速上行。

日本的队员都来自低海拔区，适应缓慢，因而修路和运输任务几乎全部落在了中、尼两国登山家的身上。中国南侧攀登队长仁青平措因吃苦耐劳而享有"小愚公"的美称。他不顾自己年纪大，血压高，率领小齐米、陈久晖与尼泊尔队员安格普巴、安格锐塔，于 11 日开

珠穆朗玛峰南坡

始从第二号营地向上修路。决定在 20 日前打通南坳第四号营地。从海拔 6700 米的第二号营地到 7900 米的第四号营地，大部分路面铺盖着万年冰雪，光滑异常。而这里的坡度平均为 40°，一不小心登山者就有滑向千丈深渊的危险。据尼泊尔队员介绍，在第二号营地附近的一个大裂缝里，就存有 32 具滑坠者的尸体。为了确保安全，仁青平措等人在许多地段为其他攀登队员拉上安全绳。

4 月 18 日，大风大雪笼罩着珠穆朗玛峰南侧，有两组人马不得不撤回第二号营地。而仁青平措等 6 名中、尼两国队员却继续奋进，当晚留住第三号营地，准备第二天向南坳冲击。然而，风雪越来越强。中方南侧队长强令仁青平措带队撤回第二号营地。身材最大的陈久晖右膝内侧严重拉伤，4 月 22 日，仁青平措等再次冲击南坳时，他不得不含泪受命下撤。仁青平措等则在能见度极差的条件下，与风雪搏斗了 30 多个小时，于 23 日傍晚，登上了海拔 7980 米的南坳。听到这个消息后，南侧大本营的人们稍稍松了一口气。

紧接着是确定参加最后突击的人员名单。中方的大次仁与仁青平措参加第一突击组，小齐米与边巴扎西为第二突击组的成员。

4 月 30 日，北侧的突击队员开始上行，他们一天一个营地，第一突击组的中、日、尼三国 6 名登山家按计划将于 5 月 4 日进入第五号突击营地，在 5 日突击顶峰。与北侧不同的是，南侧的第二突击组（每国各两人），将直接从

南坳突击顶峰。

5月3日，北侧的突击队已抵达8680米突击营地，南侧突击队的第一组则到达了第三号营地。决战在即，可南侧的第一组却被暴风雪困在了第三号营地。情况对南侧联队极为不利。如果第一突击组在5月4日不能赶到第五号营地，那就意味着南侧联队的登顶突击必须从海拔高度还不到8000米的南坳开始进行。由于第二突击组的6名队员没能及时到达第三号营地，这样，第三号营地的三顶小帐篷，可为突击队员遮风挡雪。

5月4日，风雪依旧。为了确保双跨成功，南侧中方的队长王振华不再顾及日、尼两方队长的犹豫不决，果断命令仁青平措与大次仁强行上升。

大次仁和仁青平措率先抵达南坳，第二组的边巴扎西也随后赶到，他们奉命在南坳等待日、尼队员。半小时后，只有尼方的安格普巴赶到了南坳。时间不允许他们再等待了，否则天气再变得更坏，大次仁、仁青平措与安格普巴都无法如期抵达第五号突击营地。大次仁、仁青平措和安格普巴于是冒着狂风前进。半路上，他们发现了扔在雪中的帐篷。安格普巴断定，第五号营地未备帐篷。这样，他们除了从第四号营地背来的炉子外，又多背上了一顶帐篷。

经过长达10多个小时的奋争，他们终于抵达海拔8500米的第五号营地。果然，他们除了在营地上找到7瓶氧气外，帐篷和炊具都未曾运到。天色已黑，坚冰和劲风使体力消耗过大的三名中、尼队员难以应付。他们费力地支撑起身体，平整好地面，搭上帐篷。

与此同时，上到第四号营地的9名登山家又碰到了氧气短缺问题。原先据运输队说，第四号营地准备了24瓶氧气，而实际上，这里只有10个氧气瓶。而且，有的已被搬运工们所用。南侧联队首席攀登队长大怒。但事情到了这一步，发怒已无济于事。5月5日晨，除日本跨越队员北村贡背上两瓶氧气直接从南坳突击顶峰外，第四号营地的其余8名队员不得不中止突击。他们望着无云的碧空失声痛哭，这些在死神面前都不肯退却的勇士，现在却为失去登顶机会而伤心流泪。边巴扎西哭着哀求："让我们上吧，没有氧气也可以！"但是，考虑到登山队员的安全，边巴扎西的要求被十分明确地拒绝了。

现在，南侧联队实际上只剩下 $\frac{1}{3}$ 的突击队员，他们的任务变得更加艰巨。

◎ 地球之巅的会师

5月4日下午3时，中、日、尼三国总队长在北京联席办公。他们利用无线电台，听取南北两侧的情况汇报后，确定了5月5日的登顶会师计划，并决定北侧联队在北京时间6时出发，南侧联队在北京时间9时出发。两侧同心协力，争取会师和跨越的胜利。首席总队长、中国著名的登山家史占春在北京发出振奋人心的呐喊："为了三国人民的重托，只许前进，不许后退！我们的口号是前进！前进！前进！"

当晚，南侧大本营灯火通明，三国队长因为无法与山上的突击队员联系上而焦急万分。报话机的功率小，三国突击队都在第二号营地设立了中转站。加布、杨久晖等为把北京的命令送给山上而不断地呼叫："大次仁，大次仁，二号呼叫，听见了没有？请回答！"呼叫持续了一夜，终于在凌晨时分叫通了仁青平措。

仁青平措等三人在8时25分提前出发，南侧大本营的人们期待着他们率先登顶。大次仁、仁青平措与安格普巴刚从突击营地出发，就进入了齐腰深的积雪，每前进一步都要消耗极大的体力。

12时42分，北侧联队中方跨越队员次仁多吉第一个到达顶峰，这是中、日、尼三国双跨珠穆朗玛峰的第一个历史性时刻。次仁多吉在顶峰大吼："我代表中华民族，代表中、日、尼三国友好登山队报告，我们上来了！我们的脚下是雪山和白云！"他的声音通过北侧大本营的无线电台直达北京，又通过广播与电视传向了全世界。几分钟后，次仁多吉的氧气用光了，可是，

拓展阅读

功 率

功率是指物体在单位时间内所做的功，即功率是描述做功快慢的物理量。功的数量一定，时间越短，功率值就越大。求功率的公式为功率＝功/时间。

他还必须在峰顶等待和南侧队员会师。而此时，南侧大本营与突击队的三名登山家大次仁、仁青平措、安格普巴失去了联系。

次仁多吉在顶峰的雪地里等了 30 多分钟以后，报话机里传来了北京总指挥部的声音。

"次仁多吉，你有什么问题吗？还能坚持吗？"

"能！但手脚冷极了！"

次仁多吉经受的是零下三四十摄氏度的严寒。

"再坚持一下，多活动手脚，李致新马上就要登顶，他背着两瓶氧气，你拿去一瓶，至少也要把他用过的半瓶拿去。"总指挥部下达了命令。

"我什么也不需要！那瓶氧气还是留给大次仁他们用吧！"

下午 2 时 12 分，李致新还未登顶，总指挥部只好下达命令："次仁多吉，我们命令你与已经登顶的日本、尼泊尔队员一同跨越！立即跨越！"这时，次仁多吉已经在峰顶等待了 88 分钟。

然而次仁多吉没有走。2 时 23 分，李致新登顶了，次仁多吉兴奋地向北京、向大本营报告："李致新登顶了！"

人们这才知道，次仁多吉还在顶峰。他为了等待与南侧联队队员会师，在无氧的状况下，创下了在珠穆朗玛峰顶停留 99 分钟的世界纪录。如果他再不走，双手甚至双脚都可能被冻断，那样的话，他就无法跨越珠穆朗玛峰了。

下午 2 时 23 分，是中、日、尼三国登山队的第二个历史性时刻。次仁多吉终于同意与日本登山家山田升、尼泊尔登山家拉克巴一同迈出了跨越的第一步。然而，次仁多吉还是坚持不要李致新给他的氧气瓶。

现在，轮到李致新在峰顶等待了。那天，在突击顶峰过程中，他与日本的山本宗彦、尼泊尔的拉克巴等结组出发。走了没多久，他对路线的判断与日本、尼泊尔登山家发生分歧。三个人中，他的登山资历最浅，所以，尽管他是对的，却无法说服两位异国同伴。这样，他又一次开始了孤独的行军。结果，他成为支援组的第一个登顶者。这不仅让日、尼两国队员大吃一惊，连中方人员也大感意外。李致新的狠劲，超出了人们的预想。李致新在峰顶等待了 65 分钟，仍不见南侧联队队员上来，他只好奉命下撤。当晚，他又在救援迷路的日方电视记者中扮演了主角。

珠穆朗玛峰顶，又恢复了宁静。

如果说，当北侧联队队员率先登顶时，南侧联队的中方队长王振华是为南侧联队队员未能及时登顶坐立不安的话，那么，眼下他是为三名队员的性命安危担忧了。

其时，大次仁却正在为找不到主峰而徘徊。等了半个多小时，望着下面200多米处的仁青平措与安格普巴，大次仁坐不住了，他毅然起身向自己判断的主峰方向"插"去。那里有一座高高的陡壁，一条雪梁是必经之地。雪梁既陡又薄，最薄的地方甚至可以用冰镐插穿。一边是一泻千米的陡坡，一边是时时都可能断裂的雪檐，一步不对就将饮恨终身。

下午3时10分，大次仁看见了正从陡坡上下来的次仁多吉等三名从北侧跨越过来的队员。

"方向是对的！"大次仁不禁兴奋地喊叫起来，他马上加快了脚步。他抵达了陡壁，从次仁多吉的口中，知道冲向顶峰的路线和大概需要的时间，也知道李致新正在等待与他们会师。刻不容缓，大次仁竭尽全力奔向顶峰。

经过长时间的难忍的等待之后，南侧联队的中方队长王振华终于在下午3时53分听到了从报话机里传出的三声口哨声，紧接着是难以抑制的哭泣声。这是大次仁同大本营约定的信号，它告诉大本营，他从南侧第一个登上了顶峰。这是中国人第一次从南坡征服世界最高峰。

珠穆朗玛峰顶上，狂风夹着雪粒向大次仁凶狠地扑打过来。他忍受着极度的寒冷与缺氧，在顶峰等待着会师。在他的心里还牵挂着血压较高的队友仁青平措。大次仁决意等下去，哪怕是因此失掉一只手或者一只脚。17分钟以后，尼泊尔方面的南侧跨越队员安格普巴到达顶峰。但是，安格普巴抵抗不住顶峰的严寒与缺氧，很快便向北侧跨越了。会师的重任，完全落在大次仁与仁青平措这两名中国队员的身上。

可是，45岁的仁青平措却迟迟不见。是因高血压倒下了？还是体力不行难以支持？大次仁将自己的背包放在峰顶上，返回原路去寻找仁青平措。在这海拔8800多米，含氧量不足海平面$\frac{1}{5}$的高空，死神可以说是紧随在大次仁的身后。大次仁在距顶峰 100 多米的陡壁上遇到了精疲力竭的仁青平措，他接过仁青平措的背包，扔掉了仁青平措的氧气瓶，搀着几乎迈不开步的仁青平措，一步步地逼近顶峰。在珠穆朗玛峰的攀登史上，像大次仁那样在顶峰上下两次是绝无仅有的。

下午 4 时 43 分，大次仁、仁青平措同十几分钟前登顶的北侧支援队员日本的山田宗彦、尼泊尔的拉克巴·索拉及以中村进为首的三名日本电视记者，在世界最高处会合了。中、日、尼三国登山队，迎来了最光辉的历史时刻，在这个历史时刻，仁青平措和中村进在顶峰紧紧地握手。

从次仁多吉开始上顶峰创造在世界之巅上的停留纪录，到大次仁、仁青平措终于实现和北侧队员的会师，珠穆朗玛峰顶演出了一幕从未有过的壮丽而辉煌的历史剧。

南北两侧三国共 12 名队员的登顶、跨越与会师，宣告人们已双向跨过了世界上最高的国境线。

▶ 再测珠穆朗玛峰

◎ 重测珠穆朗玛峰的意义

珠穆朗玛峰是我国的最高峰，也是世界最高峰。2005 年 3 月，中国决定组织登山队再次攀登珠穆朗玛峰，开展珠穆朗玛峰地区综合科学考察，同时重新精确测定珠穆朗玛峰高度。

历史上，1975 年，中国登山队第二次从北坡攀登珠穆朗玛峰成功，中国国家测绘局第一次精确测定并经国务院批准发布珠穆朗玛峰高程为 8848.13 米，在国际上得到了广泛认可。

从那时起，30 年来，珠穆朗玛峰的高程及周围地区的环境发生了重大变化，再次攀登珠穆朗玛峰，对珠穆朗玛峰地区进行综合科学考察和重新精确测定珠穆朗玛峰高程，有很重要的意义。

2005年4月1日，所有考察队员全部到达珠穆朗玛峰大本营。参加本次登山活动的女队员有9名，分别是4名中国藏族队员、1名中国台湾队员和4名日本队员，其中4名中国藏族女队员曾成功登上珠穆朗玛峰峰顶。这次攀登珠穆朗玛峰也是女性攀登世界最高峰实力最强的一次。冲顶时间初步定于5月上旬至中旬。

◎ 好事多磨

由于天气变化莫测，珠穆朗玛峰测量行动中最重要的冲顶行动的日期一推再推，从5月5日推迟到10日左右，又推迟到15日左右，再推迟到18日左右，最后被推迟到20日之后。

"到了5月，珠穆朗玛峰地区的风雪还如此密集，这些年来很少见到。"一位登山专家告诉记者，"可能是巧合，现在正是藏历的闰六月，按照藏族的传统，这个月是多灾多难的。"

应了这句话，冲顶行动的进程的确并不顺利。在珠穆朗玛峰地区，南风和北风是相持最厉害的两股力量。南风压倒北风，不利于登山；反之，有利于登山。一般来说，每年的5月，总会有那么几天北风会彻底压倒南风，这个时候，登山者心中的好天气就会到来，因此所有人都在等待。

根据天气预报，好天气周期应该在15日至20日到来，那时将是冲顶的最佳时刻。在经过多次推迟之后，冲顶队员终于在本月11日与12日分批前往海拔6500米的前进营地，展开最后的冲顶行动。但是在队员们到达前进营地之后，好天气周期却没有像人们预料的那样如期开始，大风依然凛冽。天气情况一天一变，从气象部门传来的消息和卫星云图的分析情况来看，在原来预计的第一个好天气周期15日至20日，出现了一次降雪伴随大风的天气。这样，在5月20日前登顶的可能性几乎不存在了。

冲顶测量需要3～5个连续好天气。天气预报主要从两个渠道获得，一是国家气象局和我国西藏气象局发布的天气数据；二是国外登山队从国外气象卫星收到的卫星云图。综合这两个方面的数据和图像，一般也只能比较准确地预测出未来两三天之内的天气变化。

知识小链接

卫星云图

　　卫星云图，由气象卫星自上而下观测到的地球上的云层覆盖和地表面特征的图像。利用卫星云图可以识别不同的天气系统，确定它们的位置，估计其强度和发展趋势，为天气分析和天气预报提供依据。

　　如果好天气周期来临，冲顶行动的进程一般为：第一天从海拔 6500 米营地上到 7028 米北坳营地，第二天上至海拔 7790 米的营地，第三天上至 8300 米的突击营地，第四天突击登顶并下撤至海拔 8300 米或 7790 米营地，第五天下撤 7028 米或 6500 米营地，第六天下撤至 6500 米前进营地或 5200 米大本营。如果当队员们到达海拔 8300 米营地时，天气状况不好，队员们将在那里等待时机，但是最多只能等待 4 天。在海拔 8300 米营地，因为严重缺氧，所有人都睡不着觉，冲顶队员将在帐篷内围坐一圈。如果好天气到来，队员们将从夜里凌晨 3 时出发，在上午 10 时左右到达峰顶，在峰顶进行约 1 小时的测量任务后返回，赶在天黑之前回到营地。如果不能按时到达峰顶，必须中途下撤，否则夜晚到来后会被冻伤，严重的会危及生命。

◎ 一波三折的冲顶

　　5 月 22 日凌晨，在海拔 8300 米突击营地待命的珠穆朗玛峰登山测量队的队员们就要冲顶了。但是前一天的下午，原本晴空万里的珠穆朗玛峰却被乌云笼罩了。凌晨 1 时，到了冲顶队员们计划中的出发时间了。此刻珠穆朗玛峰，在夜色中若隐若现。夜空中星稀月明，云淡风清，似乎是一个适宜登山的好天气。

　　但是这时从步话机里传来了海拔 8300 米营地的消息，由于风太大，路根本看不清，只能推迟出发了。

　　让人没想到，这一等待，就是好几个小时。

你知道吗

探空气球

把无线电探空仪携带到高空，以便进行温度、压力、湿度和风探测的气球。由天然橡胶或氯丁合成橡胶制成，有圆形、梨形等不同形状。球重300～1000克（较小的升至一定高度会自爆），充入适量的氢或氦气，可升达离地30～40千米。高空气象站使用的常规探测气球升速一般为6～8米/秒，约上升到30千米高空后自行爆裂。探空气球是人类研究平流层的重要工具，在气象学发展和天气预报工作中起到了重要作用。

凌晨2时，科学家们施放了无线电气象探空气球，来了解峰顶气象数据。从获取的数据看，此时峰顶的气象条件并不理想。风速是每秒22米，风力大约是10级左右，温度是零下32℃。按照这个天气情况，只有继续等待天气好转了。

直到凌晨3时半，从海拔8300米营地传来消息：风小了一些，道路能看清了。于是，第一批冲顶队员在队长嘉布的带领下，迎着大风，顶着月光，出发了。

早上8时，冲顶队员们已经攀登了4个多小时，山下的人们也同样担心了4个多小时。随着天亮，山下的人们已经架起了高倍望远镜和经纬仪，从镜头中紧紧地跟随着冲顶的队员们。

为了继续了解峰顶气象状况，科学家们再次施放气球，数据仍然不理想：风速每秒19米，风力差不多9级，温度零下31℃。

此时的冲顶队员们依然在大风中艰难地向上攀爬。上午8时40分，从望远镜中看，队员们已经聚集在"第二台阶"下了。"第二台阶"是冲顶路途中最困难的一段，是一截直上直下的梯子。

整整1个小时，山下的人一直在揪着心。9时40分，望远镜中的黑点终于往前跳动了。"越过第二台阶了！"山下的人一片欢腾。

在望远镜中，小黑点移动的速度非常慢。

上午10时的时候，阳光普照大地，天空湛蓝，万里无云。在大本营的紧张的人们突然发现，今天的天气竟然格外得好。面前的珠穆朗玛峰异常清晰。科学家们第三次施放探空气球，数据竟然大为好转：风速已经降到每秒15

米，风力 7 级左右。

望远镜中的小黑点逐渐接近峰顶了，大本营的人们都在默默地等待。11 时 08 分，大本营的步话机中终于传来了峰顶的声音："我是嘉布，我是嘉布，我们已经登顶，我们已经登顶……"

山下的人群中立刻发出一阵热烈的欢呼声。又过了 40 多分钟，上午 11 时 50 分，红色的金属觇标终于在地球之巅竖立起来了，6 个交会测量点几乎同时发现目标。欢呼声顿时响彻山谷，大本营成了欢乐的海洋。

◎ 最精确的测定

在这次科考中，研究人员发现，由于东西向的拉张力抵消了青藏高原隆升的力量，喜马拉雅山脉不会再长太多，已大致接近其最高点。如果保持目前这种状况，几百万年后，喜马拉雅山脉有可能还会下降。

2005 年 10 月 9 日，中国国家测绘局宣布：珠穆朗玛峰顶岩石面海拔高程为 8844.43 米，参数为：珠穆朗玛峰顶岩石面高程测量精度 ±0.21 米；峰顶冰雪深度 3.50 米。这个数据是到目前为止最精确、最权威的珠穆朗玛峰数据。

从 1847 年到 2005 年，世界各地的人求证珠穆朗玛峰的高度已历经 10 次之多，其结果也证明，一次比一次更准确。更何况，精确测量珠穆朗玛峰还包含重大的科学意义和现实意义。每隔 10 年测一次珠穆朗玛峰并将其精确到厘米，就能预测地磁极性倒转与珠穆朗玛峰升降的关系。如果珠穆朗玛峰高度持续降低，则可能意味着地磁极性倒转即将到来，地球系统的众多运动规律将会被破坏，也就预示着我们这个星球上的灾难环境和气候将要来临。

▶ 登山轶事

◎ 割断绳子的人

辛普森是一个因登山而致残的登山爱好者。为了洗雪朋友耶茨因为自己而蒙受的难以辩解的冤屈，他决定专门为朋友写一本书。《感受空旷》这本书出版以后，没想到不但一下子改变了朋友耶茨的命运，也彻底地改变了他自己的命运。

拓展阅读

秘鲁

秘鲁，是南美洲西部的一个国家，北邻厄瓜多尔和哥伦比亚，东与巴西和玻利维亚接壤，南接智利，西濒太平洋，为南美洲国家联盟的成员。

18 年前，25 岁的辛普森和 21 岁的耶茨相遇于英国北部城市舍菲尔德登山俱乐部，两人很快就成了要好的朋友和配合默契的搭档。两人经常一起登山，世界上的很多高峰、险峰都曾留下了他们共同攀登的足迹。

1985 年 5 月，辛普森、耶茨和俱乐部的另外两个人组成了一个四人团，决定去攀登秘鲁安第斯山脉一座高达 1350 米的山峰，这还是一座尚未被人的足迹踏上过的处女峰，在此之前，也有过一些登山者试图征服这座山峰，但最后都因为天气恶劣、山路过于险峻而退缩了。他们 4 人来到了峰下，在做最后的准备的时候，另外两人失去了登峰的勇气，辛普森和耶茨则义无反顾地选择了继续攀登。虽然天气比他们预计的还要恶劣，但他们终于到达了山顶。

他们在山顶做了短暂的停留之后，便又小心翼翼地踏上了下山的道路。下山不久，辛普森突然一脚踏空，"噌"的一声就从陡坡上滑了下去，下落的过程中，他的左腿膝盖骨被一块凸起的岩石撞得粉碎。耶茨一手抓住了岩钉上的绳子，一手抓住辛普森系在腰间的绳子，迅速地控制住了辛普森的下落。耶茨牢牢地抓着一头系在辛普森腰间一头连着自己的绳子，一步一步地下移，终于他们看到了希望：快到山脚了。就在这时，耶茨突然感到系着辛普森的绳子剧烈地摇动起来，耶茨想控制住绳子，可马上他就明白自己已经控制不住了，辛普森的下面是一道很深的山的裂缝。他直向裂缝滑下去，耶茨也被拉着滑下去……就在这决定生死的一刹那，他急速抽出小刀割断了牵着辛普森的绳子，辛普森掉下去了……

下山后，耶茨怀着悲痛和悔恨的心情，马上就到辛普森掉下去的那个裂缝处寻找，整整三天，也没能找到辛普森的身影，就在他放弃了寻找的希望准备打包离开的时候，突然听见在他们临时搭建的帐篷上方有叫声，他马上冲了出去，发现了辛普森。原来辛普森掉下裂缝时，被山崖上突出的山岩挡了几次，延缓了下降的速度，幸运的是他又落到了一堆很厚的积雪之上，虽伤得不轻，但却躲过了死亡。清醒后，他忍着剧烈的疼痛朝前爬了一段距离，直到耶茨听到他的呼救声。

辛普森虽然侥幸地捡回了一条命，但是这次事故却给他带来了严重的后遗症。两年之内，他在医院里做了 5 次手术，夜夜都被关节的疼痛折磨得睡不好觉，除此之外，他还经常会心跳加快、呼吸急促、身体颤抖。最让他悲伤的是他这辈子再也不能登山了。

如果说辛普森的痛苦都是来自躯体，那么，加在耶茨身上的却是让一个男子汉无法忍受的心灵的痛苦。回到舍菲尔德登山俱乐部后，没有人理他，人们都对他冷嘲热讽，说他是置朋友的生死于不顾的小人，没人叫他耶茨，当面背后都称他是"割断绳子的人"。耶茨也是一个血性男儿，怎能忍受这样的羞耻呢？他想解释什么，然而没有人愿意听。他在日记中写道："人们总是带着鄙视的眼光看我，在他们的眼中，我是一个不折不扣的坏人。我受不了，受不了啊！"在这样的情绪下，耶茨忍着极度的心灵的痛苦，也放弃了他酷爱的登山，离开了舍菲尔德登山俱乐部，搬到了一个小村庄上，过起了隐居生活。

辛普森出院以后，来到舍菲尔德登山俱乐部来看耶茨，才知道在耶茨身上所发生的一切。他试图告诉人们，在当时的情况之下，耶茨的选择可以

趣味点击　　俱乐部

俱乐部单从字面上理解就是人们聚集在一起进行娱乐活动的组织团体或者场所。俱乐部严格解释是具有某种相同兴趣的人进行社会交际、文化娱乐等活动的团体和场所。

说是最明智之举，然而，没有人愿意听他的解释。他又来到耶茨的隐居地，对耶茨说："我已经没有登山的条件了，但我还是热爱着登山这项运动。我不希望一个和我同样热爱登山，而且有攀登高峰勇气的人因为我的缘故而放弃登山。"耶茨流着泪紧握着辛普森的手说："对于你的理解和宽容的心怀，我深深地感动，并向你说一声谢谢！然而，他们愿意理解我在当时的情况下所作的选择吗？"辛普森稍稍做了短暂的思考之后坚定地说："我相信：不需要多长时间人们就会对你作出新的认识！肯定会的。"在说这话的时候，因为他突然想到要为耶茨写一本书，叙述他们俩的登山全过程，让人们置身空旷的险山之中，设身处地来感受一下他们当时所处的境况，那么人们一定会理解耶茨的行为的。

有了这个想法之后，辛普森立即联系了伦敦一家著名的出版公司的一个编辑，这个编辑非常支持他的想法，于是，辛普森一鼓作气，只用了两个月的时间就完成了《感受空旷》的初稿。1988 年该书正式出版后，立即成为畅销书。在书的首页上，辛普森还特意写上了这样的一段话："希望读者在看《感受空旷》时，不要断章取义，只把注意力集中在耶茨割断绳子的那一段上。我写这一段，只是想把事件完整地呈现出来，我希望读者也能从全面的角度去理解当时的状况和行为。"这本书不但在登山者中间、并且也在不熟悉登山的人群里引起了共鸣。这本书之所以引起轰动，不仅仅是它让读者感受到了登山运动中的英勇行为、痛苦经历和死里逃生的情节，还有引发读者无限思索的耶茨割断绳子的举动。读了该书后，许多人都给耶茨写信，表示对他当年割断绳子一事的理解，曾经羞辱过他的登山者，也纷纷来信向他道歉。

读着辛普森的《感受空旷》和一封封情真意切的来信，耶茨又一次流下了热泪。不久，舍菲尔德俱乐部又一次把耶茨请了回来。从此以后，他全身心地投入到自己热爱的登山运动中。他经常举办有关登山运动的讲座，开创了一个登山运动公司，带领众多登山爱好者攀登喜马拉雅山脉或南美洲的一些山脉。在他的培养下，一批又一批优秀的登山运动员诞生了。他说："我现在登山不仅是满足自己的征服欲望，也是在完成辛普森的心愿。虽然他不能再登山了，但是我要帮他完成他应该攀登的那一部分。"

　　辛普森的《感受空旷》推出后，销量很快就超过了 100 万册。由于该书写作手法和内容的特别，不久就获得登山纪实性文学的最高奖项——"塔斯科奖"，后又获得了"英国非小说类文学奖"。它还被列为描写登山经历的巨著之一。面对这样的成绩，辛普森觉得很意外，但他也很快从中找到了自己未来生活的方向，决定全身心地投入到文学创作之中。他说："登山一直是我的最爱。尽管身体不允许我再从事这项运动，但是我的思想却从未放弃过这份热爱。所以我要把这份热爱全部融入到自己的创作之中。"他写作很勤奋，1992 年，出了一本名为《液体人》的小说，反响也特别得好。之后，他又创作了自己的第二本纪实小说《幽灵的游戏》，再次荣获多项大奖。以后，他又陆续创作了四部纪实作品，逐渐地奠定了他"纪实作品大师"的地位。

　　一本为朋友写的书《感受空旷》，就这样重塑了两个人的生命和未来。到目前为止，辛普森和耶茨一直都保持着很好的关系。他们每年都会见上几次面，聊聊彼此的生活近况和取得的成绩。有一次他们道别的时候，耶茨说："我们又要分开了！"辛普森笑着说："不，我们的心会永远跳在一起的。不要忘了，当你登山的时候，我正通过你的眼睛在望着远处的山峰呢！"

◎ 巾帼女登山家

　　20 世纪 70 年代是世界女子登山运动突飞猛进的年代。

　　早在 1943 年，德国女登山家迭林法斯与男同伴们一起登上了喜马拉雅山脉上海拔 7315 米的希阿堪利西峰，成为当时世界上第一个突破海拔 7000 米高度的妇女，获得了"全世界最高妇女"的荣誉称号。1955 年，由法国著名女登山家科根率领的一支法国女子登山队来到喜马拉雅山脉，这是人类历史上到过喜马拉雅山麓的第一支女子登山队。在那次活动中，科根本人与一名尼泊尔的高山向导登上了海拔 7456 米的加涅斯峰，刷新了当时的女子登山高度纪录。

　　在此以后，雄心勃勃的科根开始积极地准备，立志要征服海拔 8000 米以上的巨峰。在进行了严格而艰苦的训练之后，1959 年 5 月，由她组织的 9 名女登山家离开巴黎来到喜马拉雅山区。这次，她们的攀登目标是海拔 8153 米的世界第八高峰——卓奥友峰。不幸的是，这次充分显示女性勇气的挑战却

广角镜

巴黎

巴黎是法国的首都和最大的城市，也是法国的政治、经济、文化中心。巴黎在中世纪以来的发展中，一面保留过去的印记，甚至是历史最悠久的某些街道的布局，一面形成了统一的风格，并且实现了现代化的基础设施建设。巴黎作为法国的心脏，集聚了许多跨国企业的总部驻地，主要的商务区为拉德芳斯。

以一场灾难为结局。在海拔6500米上，这些分别来自法国、意大利、德国和瑞士的女中豪杰遇到了特大雪崩，队长科根与3名女队员和4名尼泊尔向导遇难牺牲。

女登山家们在卓奥友峰的悲惨遭遇，引起了全世界舆论的争议。在当时的欧洲登山界，有人提出了这样的问题：妇女到底能登上海拔8000米高峰吗？

1961年6月，中国女登山家潘多和西绕开始向这一目标迈进。她们俩同时随中国女子登山队冲击帕米尔第二高峰公格尔九孤峰，征服了一层又一层的冰雪天梯，最后完成了登顶，把1959年由中国女登山家创造的海拔7546米的世界女子登山高度纪录，又提高了49米。但是，却仍然没有突破8000米大关。

20世纪70年代以后，世界女子高山登山有了新的突破。1970年5月，参加日本山岳协会组织的第一支日本珠穆朗玛峰登山队的女队员渡边部节子，曾到达海拔7985米的珠穆朗玛峰南坡的"南坳"附近。

1973年5月1日，由德国、瑞士和奥地利三个国家的高山运动员组成的7人登山队，成功地登上了海拔8156米的世界第7高峰马纳斯卢峰。而在登顶的4名征服者中，有一位是30岁的德国女登山家施玛兹。施玛兹突破了8000米大关。更让人兴奋的是，她和男队员们一样，创造了一项自始至终不使用氧气装备而攀上8000米高峰的奇迹。

施玛兹的成功，使日本女子登山界大受鼓舞。1974年秋，以石黑恒为队长的日本女子喜马拉雅登山队有森美枝子（33岁）、内田昌子（24岁）和粟林直子（24岁）三位女队员登上了一年前施玛兹登上的马纳斯卢峰，创造了三位女性同时登上海拔8000米的纪录。

1975 年，全世界的女登山家们迎来了"国际妇女年"。日本、波兰、美国等国的登山界为了纪念国际妇女年，更为积极地组织女子攀登高山的活动。

在"国际妇女年"的春天，以 42 岁的久野英子为首的日本女子登山队来到尼泊尔境内的珠穆朗玛峰南坡下，开始向世界最高峰挺进。5 月，这支女子登山队因雪崩遭到了巨大的损失。但是，日本登山队凭着其坚韧不屈的精神向珠穆朗玛顶峰发起了又一轮冲击。最后，36 岁的副队长田部井淳子如愿以偿，她和雪巴族向导安则林在 5 月 16 日同时站在了世界第一高峰的顶点。田部井淳子是世界上第一位征服珠穆朗玛峰的女性。

仅仅过了 11 天，36 岁的中国女英雄潘多克服了零下 30℃ 的风雪严寒，成为从北坡登上珠穆朗玛峰的第一位女性。同时，潘多还与 8 位男同伴们一道，创造了在珠穆朗玛峰顶停留 90 分钟的世界纪录。

亚洲女性的辉煌业绩使世界妇女界欢欣鼓舞，也让欧洲的女登山家们站到世界最高处的渴望更加强烈。1978 年 10 月 14 日，参加德国、法国珠穆朗玛峰联合登山队的波兰女队员鲁特凯维奇与男同伴一起经历了艰苦奋战，终于从东南山脊登上顶峰。1979 年 10 月 2 日，德国珠穆朗玛登山队的著名女登山家施玛兹也实现了她多年的夙愿，登上了珠穆朗玛峰。遗憾的是，这位杰出的女性在下山时由于严重的高山病，最后牺牲在归途中。

在 20 世纪 70 年代，田部井淳子、潘多、鲁特凯维奇和施玛兹这 4 位优秀的女性，一起被登山界誉为"全世界最高的四位女性"。

◎世界头号攀岩女杰——林恩·希尔

20 世纪 70 年代以后，岩壁攀登运动已从以登上顶峰为目的的登山运动母体中分离出来，成为一项专门的勇敢者的事业。攀登者们不但一次又一次地攀登岩壁，而且还努力以更困难的方式来完成对同一岩壁的征服。首先探出并征服一条路线的攀登者获得的等级评定，是根据这一路线的险峻程度、岩石的大小以及可攀附的支撑点等条件来综合决定的。当今世界最著名的攀岩家是英国的西蒙·纳丁、杰里·莫法和美国的艾伦·瓦茨、林恩·希尔等，而林恩·希尔，是全球排名头号的女攀岩家。

已过30岁的林恩·希尔十几年来基本上过着巡游者的生活，从美国到欧洲，从一座悬崖到另一座悬崖。20世纪80年代后期，攀岩运动发生了很大的变化，不仅有了有组织的比赛，而且还出现了人为设计出难度较大的人造岩壁。这种比赛设置了奖金，吸引了大批的观众。1989年秋天，林恩·希尔在意大利参加了由十几名世界著名攀登者参加的1989年攀岩大师比赛，征服的对象是一个用树脂、沙子和玻璃纤维建成的近20米的高墙。林恩·希尔在大约1.2万名观众的呐喊声中一马当先，获得了女子组冠军，这是她1987年以来的第10次胜利。自那以后，她又连续两次获胜，巩固了她在竞赛性攀登这一新领域中的超级运动员的地位。

强健而漂亮的林恩·希尔，在岩壁上的每一步艰难攀登看上去像是在平面舞台上设计好了的精彩表演，优美洒脱，令人倾倒。

尽管攀岩看上去是一项单纯的力量性运动，但单纯的蛮力远没有力量与体重的比例重要。林恩·希尔的体重不足50千克，但她的身躯里却蕴藏着惊人的力量。攀登者还需具备身体的柔韧性和灵活性，这一点，林恩·希尔又是得天独厚，在十几岁时，她曾是一名体操运动员。

19岁时，林恩·希尔第一次攀登上一条名叫奥弗布罗克的岩壁路线，这个难度已经让当时世界所有女攀岩者望尘莫及了。从此，攀登成为林恩·希尔的全部追求，她经常连续在野外训练，在地下室墙上练习，还参加跑步和自由举重。几年前，她甚至差点破了在她体重级别上的世界女子举重纪录。1988年，她在法国里昂举行的世界杯巡回攀登比赛中，成绩遥遥领先于她的同性对手，而只输给了两位世界上最好的男性攀岩大师。

　　林恩·希尔是一位能坦然自若地面对危险的攀登者。她能预见各种危险，她的动作就像用计算机测定好的那样有条有理。然而，1988 年 5 月的一次失手，差点夺去她的生命。那是一次异常的失误，她的保险绳突然脱落了，她从 80 米高的地方摔了下来。侥幸的是，尽管当时她被摔得昏迷过去，却只是左肘摔脱了臼，摔断了一段脚骨。伤愈之后，她又于 1989 年秋，花了两个星期去侦察雄格姆山一条从未被人攀登过的路线，那是男女攀登者在雄格姆山可能碰到的最危险的路线之一。林恩·希尔在征服这条路线后，为它起了个意味深长的名字，叫"与男人比高低"。

> ### 拓展阅读
>
> #### 举　重
>
> 　　举重是使用杠铃、哑铃、壶铃等器材进行锻炼和比赛的运动项目。举重运动员要完成两个举重动作：抓举和挺举。在抓举比赛中，要求选手伸直双臂，用一次连续动作将杠铃举过头顶。而在挺举比赛里，选手需要先将杠铃置于双肩之上，身体直立，然后再把杠铃举过头顶。运动员要等到裁判判定站稳之后才能算成绩有效。

◎从冰峰飞下来的登山家

　　许多登山家在登上高峰之时，在享受着克服千难万险而创造一项新纪录之后，那种兴奋心情是难以形容的。然而，当他们按原路下山时，又往往会想，要是能长出两只翅膀飞下山去就好了。这种似乎不切实际的幻想，终于在 20 世纪 70 年代以后得到了实现。

　　20 世纪 60 年代末期，在阿尔卑斯山脉兴起的登山滑翔，很快传遍了欧美与日本。登山者们开始时身背可以拆卸的悬吊式轻便滑翔机登山，在登上顶峰后，将滑翔机装好，看好风向与气流，乘滑翔机盘旋而下，在预定的地点着陆。这种滑翔机可以乘着气流在空中飞翔几个乃至几十个小时。在法国，人们把这种登山滑翔者称为"自由飞翔的人"，而在日本，则称之为"鸟人"。1978年，日本东京地区有"鸟人"3500名，到了1979年，激增到了7000名，可见这项运动发展速度之快。

趣味点击 滑翔机

滑翔机，是一种没有动力装置，重于空气的固定翼航空器。它可以由飞机拖曳起飞，也可用汽车牵引起飞，更初级的还可从高处的斜坡上下滑到空中。在无风情况下，滑翔机在下滑飞行中依靠自身重力的分量获得前进动力，这种无动力下滑飞行称滑翔。在上升气流中，滑翔机可像老鹰展翅那样平飞或升高，通常称为翱翔。滑翔和翱翔是滑翔机的基本飞行方式。

1976年，奥地利的两名登山队员霍·比尔克曼和卢·盖斯赛克拉首先把悬吊式滑翔机引进了喜马拉雅山脉，从海拔7492米的诺夏克峰上飞了下来。

悬吊式滑翔机是一种带三角形软机翼的平衡臂形超级微型滑翔装置，它甚至连座舱和起落架都没有。它起飞靠的是滑翔者的双腿从高处向下跑动，然后凌空起飞。着陆时，也同样靠两腿支撑。滑翔机的重量一般在8～16千克，一个高山登山家增加了这个额外的重量，攀登会变得更为困难。因此，迄今为止，还没有人从海拔8000米以上的高度飞下来。最有名的一次高山滑翔，恐怕要数法国人让玛克在1979年夏天的表演。那次，让玛克打破了1976年奥地利人创造的起飞高度纪录，还因此荣获了"体育运动勇敢者"国际奖的大奖。

事情开始之前，法国登山队正在向世界第二高峰乔戈里峰作一次异常艰巨的攀登，这次攀登的目的是从最危险的西南坡路线上征服顶峰。让玛克正是这支登山队的一名主力。由于大风雪的阻碍和零下40℃的气温，法国登山家们不得不在海拔8400米处停了下来。在返回时，一直背负着滑翔机的让玛克走到队长跟前，请求让他独自一人进行一项大胆的冒险：乘三角翼滑翔机飞下山去。

让玛克的三角翼滑翔机是由尼龙和铝管特制的，重约20千克。

9月6日，让玛克把滑翔机背到了海拔7600米的高度。在那里，他花了半个小时组装好三角翼，然后便开始观察风向、风速，寻找起飞地点。在他走到峭壁边缘的时候，喀喇昆仑山脉和喜马拉雅山脉的群峰正一个个被白云包围着。让玛克深深地吸了口气，像一只大鸟似地蹬离地面，激动与恐惧此时都已闪在脑后，他只顾把三角翼控制好，为此把保温手套都脱了下来。

前几分钟，三角翼一再磕碰在峭壁上，因为稀薄的空气一时还托不起他的"翅膀"。三角翼是脆而不坚的飞行器，幸好它经住了摔打。由于寒冷、高度和难以控制的下降速度，让玛克的眼血管破裂了。他看不清楚周围的情况，最担心的是风把三角翼刮到峭壁上摔得粉碎。

让玛克的伙伴在山下大本营燃起了篝火。让玛克看不见篝火，只能靠对烟的感觉来掌握方向。13分钟以后，他终于成功地降落在离大本营不远的一块大岩石上。

从乔戈里峰上纵身一跳，不仅创造了世界三角翼的最高的飞行纪录，其意义还在于表现了人的巨大精神力量和身体能力。

高山滑翔运动，目前正处在发展阶段，还有数不尽的高度和危险，正待人们去征服。

◎ 独腿女英雄登上美国屋脊

位于美国阿拉斯加州的麦金利山，它是美国也是北美洲的最高山峰，号称"美国屋脊"。由于它接近北极圈，山顶气候十分恶劣，冰川纵横交错，攀登十分困难。著名的登山探险家日本的植村直己就是在攀登此山的过程中遇难的，然而，美国的一个残疾姑娘，独腿登山女英雄多尔蒂却凭着顽强的毅力登上了它的顶峰。

1985年4月29日，一架装备着起落橇的飞机将她和她的两个同伴送到了海拔2160米的卡希尔特纳冰川的东南岔口。她们从这里开始了攀登。她利用自己设计的装有尖钉和冰刀的拐杖，一步一步地向上攀登。到第8天，攀登到3300米的高度时，刮起了一场大的暴风雪，时速160千米的狂风把多尔蒂刮倒在满是乱石、下面是无底深渊的山谷中。为了帮助她，同伴萨姆纳花费了3个小时才把她救出。

她经过 20 天的攀登终于登上了号称"美国屋脊"的麦金利山。平均一天仅向上攀登 200 米多一点，可见攀登难度之大。她在登山的第 5 天就冻伤了 5 个手指。多尔蒂事后回忆说："有时候感到自己简直是疯了，这样是要送命的。然而在我思想上可从未想到过要退缩。"

5 月 19 日，25 岁的她终于在身负登山器材且不用假肢的情况下，登上了海拔 6194 米的麦金利山。

多尔蒂并非生下就是残疾人，而是在一次车祸中致残的。她 12 岁时骑着自行车去一位朋友家，一个喝醉了酒的司机开车撞倒了她从而失去了一条腿，但她并不悲观。两个月后，她就开始游泳；冬天，她又学习滑雪。18 岁时，她进入美国波士顿大学学习医疗，并对登山产生了兴趣。1982 年，22 岁的她从大学毕业。1984 年，她首次登山，选择了海拔近 4800 米的美国境内的芒特雷尼尔山，并获得成功。在这次攀登过程，她就决定向麦金利山冲击。在征服了麦金利山后，她又决定攀登美国境内海拔达 4100 多米的肯尼迪山。

多尔蒂喜欢引用一位不知名作家的一句话："我们大家都面对着这么一种巨大的可能性，而这种可能性往往是隐藏在看来不可能的情况中的。"

◎登山家和狗

欧洲中部的奥地利，因为南部有欧洲著名的阿尔卑斯山脉，它的登山运动十分普及，全国的男女老少人人喜爱登山，涌现出不少优秀的登山探险家。

维德尔霍夫博士虽已人到中年，但他登山的兴趣却越来越浓厚。1987 年 7 月，他不仅自己而且带着他的两个女儿随同奥地利登山队来到中国，攀登我国新疆境内海拔 7546 米的慕士塔格峰。

维德尔霍夫博士登山有一个特点，除了必要的装备外，他总要带着他的爱犬尼卢克。南北极探险家带狗是常见的，因为狗拉雪橇是他们的主要运输工具，而在登山中带狗是不多见的。但是，就是这条漂亮、聪明、有灵性的狗尼卢克在此次登山活动中救了他。

7 月 27 日，维德尔霍夫博士和他的爱犬尼卢克从海拔 4600 米的第一号营地出发，试图用阿尔卑斯快速登山法用一天一夜完成登顶的任务。中间仅在海拔 6500 米的第二号营地储存了一些食品。

已经能看见营地了，看上去就在头顶上。5500 米是慕士塔格峰的雪线高度，此时已在雪线高度之上。这座被称为"冰山之父"的慕士塔格峰，呈现出绚丽的冰川地貌景观，尤其是冰川峡谷更为雄伟，博士被深深地吸引了，他一边欣赏这冰雪之景，一边和狗小心翼翼地顺着前面的人走过的足迹前进。四周静悄悄的，除了脚踏在雪地上的声响及人和狗

> ## 你知道吗
> ### 雪　橇
>
> 雪上运动器材和运输工具。用木料或金属制成。种类繁多，一般有无舵、有舵、单撬、宽撬、骑式、卧式、连模、牵引、电动、风帆等类型。目前冬季奥林匹克运动会只采用无舵雪橇（亦称"运动雪橇"或"单雪橇"）和有舵雪橇进行竞赛。

的不均匀的呼吸声，是一片寂静。突然，维德尔霍夫博士感觉脚下一沉，没等反应过来，就和狗一起坠落下去了。

这是一个因为大雪覆盖而不易察觉的深约 25 米的冰裂缝。维德尔霍夫博士和狗掉落在一块仅 1.5 平方米的小空地上，旁边还有一个更深的裂缝。博士抬头看看头顶上的一线天空，明白自己是不可能靠自身力量爬出去的，只有等待救援。

开始，他大声呼救，想让从山上下来的人能听见。但此时，他 20 岁的大女儿马莉和 17 岁的小女儿英格已登顶成功，并已滑雪返回。

这是在海拔 6500 米处，气温相当低。为了最大限度地保持体温，维德尔霍夫博士紧贴尼卢克，紧紧地偎依在一起，用尼卢克厚厚的毛来暖和手脚。尼卢克也把嘴夹在维德尔霍夫博士的腿间来保护自己。

最初，尼卢克显得很不安，他摇着尾巴，不时地从鼻子里喷着气，再就是大声地叫，显然它对身陷困境的危险已有所察觉了。维德尔霍夫博士比较沉着、冷静，因为作为一个登山家来说，经历过无数的曲折、考验。他竭力控制着自己，并和狗"谈话"，让尼卢克安定下来。维德尔霍夫博士想，尼卢克在身边，生存的希望便会多一些。维德尔霍夫博士也想到过死亡，但始终

未绝望过。

时间在缓慢地流逝。直到 7 月 30 日，人们才发现维德尔霍夫博士和他的狗尼卢克，从冰裂缝中救出了他和狗。

这 3 天 3 夜他们没吃没喝，维德尔霍夫博士身上只有 3 片维生素。在最难受的时候，他吞下了这 3 片药。尼卢克在这 3 天 3 夜中也失去了往日的活泼，只是紧紧地依偎着维德尔霍夫博士，把温暖带给主人。

知识小链接

维生素

生物的生长和代谢所必需的微量有机物。它分为脂溶性维生素和水溶性维生素两类。前者包括维生素 A、维生素 D、维生素 E、维生素 K 等，后者有维生素 B 和维生素 C。人和动物缺乏维生素时不能正常生长，并发生特异性病变，即所谓维生素缺乏症。

当人们见到维德尔霍夫博士时感到十分惊讶，他的手和脚都没有冻伤，只是前额有点受伤和在鼻梁上留下了一道伤口。熟悉登山的人都说，这绝对是个奇迹。而创造奇迹的，则是维德尔霍夫博士的爱犬尼卢克。

◎希夏邦马峰历险记

中国地质大学的学生张志坚 1991 年在希夏邦马峰的历险是一个十分惊心动魄的故事。

1991 年，他和同校的马欣祥一起，作为中方特邀队员，参加了日本长野县组织的日中联合希夏邦马峰登山队。

经过 1 个月的努力，第一突击队于 9 月 17 日下午到达了海拔 7300 米的突击营地，这里离峰顶不到 800 米了。休整一夜后，18 日凌晨 5 时，他们收拾行装准备登顶。

这最后的路程难以攀登。张志坚所在的第一突击队的 6 名突击队员都起了个大早。因为是突击登顶，队员们享受了特殊的优待，吸了一晚上的氧气。

钻出睡袋后，队员们到帐篷外挖雪，用煤气炉煮了一铝锅的"米糊糊"，吃完后准备上路。为了中途充饥，张志坚又背了点巧克力夹心饼干。

18日7时许，6名突击队员在寒星的陪伴下，握着冰镐，顶着头灯，向着漆黑的希夏邦马峰顶进发。

连日大雪，行进十分困难，到东方红日升起时（约上午9时），他们才爬升了不到100米。到下午2时，他们也只爬到7600米处，即7个小时才爬升300米。按这种速度，天黑之前是很难登顶的。此时，日方队长决定轻装突顶。把暂时用不着，认为是多余的物品都扔了。

趣味点击　巧克力

巧克力是一个外来词chocolate的译音。其主原料是可可豆（像椰子般的果实，在树干上会开花结果）。它对胃液中的蛋白质分解酵素具有活化性的作用，可帮助消化。它的起源很早，始于墨西哥盛极一时的阿斯帝卡王朝最后一任皇帝孟特儒，那时，巧克力是属于宫廷成员的饮料，被视为贵重的饮品、利尿的药剂。

可是，天有不测风云。下午4时许，天转阴，狂风大作，吹起的雪粒像钢沙一样打得人生疼。跟在他们后面，比他们晚出发2个小时的中国台湾突击队也上来了。两队轮流开路，通力合作，又向上攀登了1个小时，到达了7850米处。此时，太阳西下，气温骤降。是进？还是退？摆在两个登山队的面前。中国台湾突击队决定下撤。而张志坚所在队的日方队长山岸则决定不下撤，就地挖雪洞，明天突击顶峰。

张志坚听说过不少登山者因为在这么高的地方住雪洞而缺手少脚的，心中的阴影伴随着凛冽的寒风使他感到格外的寒冷。但他想到作为队中的唯一的中国人，不能因它让我们民族的尊严受到伤害。

这一晚，5个汉子挤在深约1.5米、高约1米的雪洞里，想躺下是不可能的，大家只好席地而坐。队员们没带多少吃的，只有几块巧克力，水壶里的水也所剩不多，都不是热水了。小小的空间，又在这近8000米的地方，雪洞内的氧气十分有限，一清早日方两个队员就吐了。由于未带睡袋和取暖设备，为了防止冻伤大家还得不时地活动一下手脚，这在经过 10 个多小时的艰苦跋涉后是很消耗体力的。

上午 9 时半，天大亮，大家准备与希夏邦马峰作最后的一搏。

10 时许，队员们穿好冰爪，开始向峰顶冲刺。张志坚走在倒数第二。刚走出不到 10 米，他觉得冰爪不够紧便弯下腰，摘下手套，准备紧紧冰爪。这时，在他身后的日方队员宫下不知用日语喊了声什么。张志坚抬头一看，见一块 30 厘米大小的硬雪壳向他滑来，还没来得及反应，脚下顿觉松软下去并向后方滑动，失去平衡，身体向后栽去，天旋地转，冰雪横飞。经过几个"后滚翻""转体"及重重的两次撞击后，张志坚才意识到"雪崩了，但我没死！"他回头一看，两腿都埋在雪中。他只好用手刨雪。手套早已不知去向。但此时似乎也感觉不出有多寒冷。刨开压在腿上的雪，他才得以自由。

在他前面不远，半截埋在雪里的日方队员松浞痛苦地在雪地里挣扎。张志坚赶紧抱住他露在雪外的上身，奋力向外拖，却拖不动。张志坚又招呼日方另一脱险的队员山岸，两人合力才把他拖了出来。谁知松浞出来后站不起来，在雪地上不停地翻滚。他受了严重的创伤和冻伤。还有两个人在雪地表面均未露出。张志坚十分着急。在这氧气稀薄的高山上，被雪埋住，很快就会窒息死亡！他环顾四周，看见一个小背包，这是宫下的！昨天休息时，他把大背包扔了，只留下这个小包。人也许就在这附近！他急忙搜索，在距小包二三米处发现有一只手伸在雪外。顺着这只手急忙快扒，扒开了盖在脸上的雪，看清是宫下，摸摸脸，似乎还温热。张志坚赶快扒开盖在宫下胸上的雪，给他做人工呼吸，急急地连压 20 余次，宫下却毫无反应。他扒开宫下的眼脸，见瞳孔已放大；试试鼻息，又摸摸脉搏，无望了。还没来得及悲哀，忽然想起还有五味。站起身来，前方有个黑东西，一看是五味的背包。他使劲一拽，没想到把背包带拽断了！用手扒了扒，扒出一只手，赶紧试脉，没生命迹象了。

此时，张志坚拖着沉重的脚步，走过去问山岸："报话机呢？赶紧和下面通话呀！"并把他的包翻了个底朝天，除了有一个相机外，什么也没有，等着救援吧！山岸坐在雪地上，带着哭腔朝天大喊："HELP！HELP！"张志坚也坐在雪地上，跟着他大呼："S—O—S！"

他们所在的位置海拔约 7300 米，他们 5 人竟随着崩下来的浮雪下跌了 500 米！这 500 米可是个不小的数字啊！从那么高摔下来能生存也是个奇迹啊！

后来，由于第二突击队和中国台湾队的陆续抵达，他们 3 人终于得救了！

在死亡线上打个来回的张志坚对生活、对人生有了新的更深刻的认识。经常有人问他："你研究生也毕业了，又提了讲师，干吗非要去干这玩命的事呢？"他的回答："是为了寻找一种感觉，一种对于生活的感觉。"

你知道吗

SOS

SOS 是国际莫尔斯电码救难信号，并非任何单字的缩写。鉴于当时海难事件频繁发生，往往由于不能及时发出求救信号和最快组织施救，结果造成很大的人员伤亡和财产损失，国际无线电报公约组织于 1908 年正式将它确定为国际通用海难求救信号。这三个字母组合没有任何实际意义，只是因为它的电码"...－－－..."（三个圆点，三个破折号，然后再加三个圆点）在电报中是发报方最容易发出，接报方最容易辨识的电码。

◎ 南迦巴瓦峰探险

南迦巴瓦峰是喜马拉雅山脉东端的最高峰，海拔约 7782 米，是世界第 15 高峰，位于我国西藏东南的米林、林芝、墨脱等县境内。这座山峰的山麓有世界海拔最高的大河——雅鲁藏布江。雅鲁藏布江在此弯了一个 90° 的大弯，称为大峡弯。由于降水丰富，导致泥石流、雪崩、冰崩、流雪等自然灾害频繁。

南迦巴瓦峰在我国的领土上，登上其顶峰是显示我们民族英雄气概和精神面貌的重要标志。从 1960 年起，我国的登山健儿就不断做出努力。1960 年，西藏女子登山队对它进行了侦察，到达了 5000 米的高度。1982 年和 1983 年，中国登山队和中国科考队对南迦巴瓦峰进行了再次侦察。1991 年 10～11 月，中日两国登山队又一次向南迦巴瓦峰的顶峰攀登。

他们先是在 3520 米处建立大本营，然后慢慢地向上攀登。

拓展阅读

雅鲁藏布江

雅鲁藏布江是我国海拔最高的大河，位于西藏自治区，也是世界上海拔最高的大河之一。发源于西藏西南部喜马拉雅山北麓的杰马央宗冰川，上游称为马泉河，由西向东横贯西藏南部，绕过喜马拉雅山脉最东端的南迦巴瓦峰转向南流，经巴昔卡出中国境。它也拥有着世界第一大（深度、长度）峡谷，获得中国世界纪录协会世界最深大峡谷、世界最长大峡谷两项世界纪录。

这次攀登一开始就不顺利。10 月 16 日，队员们执行一次运输任务，突然发生大规模流雪，日方一队员遇难。当时目睹这一悲剧的中方队员边巴扎西回忆说："当时流雪在离我仅 10 米远的地方停了下来，后面是一个陡坡，我无路可逃。那时脑子空空的，顾不上害怕，只是盯着那流雪。遇上这种情况，人是没有办法的。"

11 月 19 日，队员们奋战了 10 个小时在 6700 米建立了突击营地，并把路修通到达了 7200 米，在傍晚才返回营地。第二天（11 月 20 日）他们就要向顶峰突击了，争取登顶成功！但登顶的路上是艰险的，队员们向大本营介绍时说：

"山脊上有许多裂缝，岩壁非常陡峭，上面还有一个断层，再上去是挂满新雪和亮冰的冰雪坡。"

从这简短的介绍中，大本营的人都领悟到登顶不是那么容易。

20 日凌晨 5 时 40 分，登顶队员出发了。经过 3 个小时的不懈努力，边巴扎西和洛则两名队员到达了头天到达的最后高度——7200 米。

再向上，要边修路边前进，此时，风越刮越大，又飘起了雪。经过 4 个小时，又上升了 150 米，到达 7350 米的高度。这里有一个岩石陡坡，坡上布满碎石和硬冰。穿上冰爪，在岩石上无法行走；不穿，表面上的薄雪使人站不住脚。第一次突击在这里受阻，队员们只好返回突击营地休整一天。

22 日凌晨 4 时 30 分，队员们又出发了，在 7350 米的这个相对高度为 50 米的岩石陡坡前，队员们用 4 个小时才拉好绳子，到 12 点 35 分，他们终于上到岩石陡坡的顶部。可是，上面是一个喇叭形的流雪槽，喇叭口上部的面积相当大，流雪从几个方向汇入这个狭窄的槽里。仅过了 10 分钟，边巴扎西就向大本营喊话："雪槽里雪深没膝，高空风非常大，现在流雪像流水一样从山尖泻下，非常危险，非常危险！"

总队长洛桑达瓦果断下令："先后撤一段！"

又过了 10 分钟，流雪不停地向下倾泻，就像咆哮的洪水，登顶队的 6 名队员只好下撤。这次他们达到的高度为 7460 米。

在流雪槽的 20 分钟，付出的代价是惨重的。次仁多吉，这位在 1988 年中、日、尼 3 国双跨珠穆朗玛峰中创造了两项登山世界纪录的山地探险家，在修路时站在最上方，为了保护下面的 5 名队友，把双脚的大拇趾冻伤，防风镜被流雪击碎；洛则的防风镜也被冻裂而泪流不止，左脚大拇趾也冻伤；日方 47 岁的老登山家高见和成双手十指冻伤。

所以，在是否登顶方面，山上和山下要取得一致意见是很困难的。

"虽然体力消耗很大，但如果要我上的话，我还是上！"边巴扎西态度坚决。"命还在，冻掉两个脚趾头算什么！"次仁多吉也不犹豫。"再给我们一次机会吧，最危险的地段都快过去了，顶峰那么近！"高见和成更加急迫。

但这次登顶不是轻易能成功的：这流雪槽中的流雪，上面的断层，顶峰的冰雪，队伍已经失败了两次……大家陷入了两难的境地。

一直到 23 日傍晚，大本营才作出决定：

"看天气吧，如果明天天气允许，再突击一次。但在流雪槽处要绝对慎重，不行就下撤。"

24 日凌晨，高空风太大，队员们根本出不了突击营地，山上和山下都在等待，等待天气好转。等到中午 12 时，"轰隆隆"巨大的声响把人们从沉思中惊醒，南迦巴瓦峰之顶发生了大雪崩。

随着巨响，大块的冰雪夹着石块呼啸而下，沿着陡峭的喇叭口山谷倾泻，飞溅起漫天的雪尘烟雾，像原子弹爆炸时的蘑菇云一样升腾滚动，淹没了整个喇叭口。

这种大雪崩引发无数的小雪崩，雪崩声此起彼伏，使人感到危机四伏，惊心动魄。雪崩犹如决堤的洪水一样狂暴，有的雪崩则沿沟谷滑落到谷底森林之中，沿途水桶粗的树木齐刷刷地拦腰折断，可见雪崩威力之大。冰雪在谷底构成一个矗立的雪崩锥体。一次大雪崩浪涛，后面往往有大量的崩塌的雪从岩壁的陡崖上跌落，形成"雪的瀑布"，极为壮观。

南迦巴瓦峰的雪崩不是一二小时就过去的，往往持续数天。1984年登南迦巴瓦峰时，当时遇到的雪崩断断续续地进行了3天3夜。此时山上山下都陷入了沉默之中。这种天气是无法上的，雪崩是山地探险家的"白色死神"。一直等到下午6时，中日双方的队长用冷静而沉重的语调宣布"下撤令"。

此时，从报话机中未听到山上队员的回话，然而却从报话机中传出了压抑不住的哭声。这些坚强的男子汉不甘心就这样失败啊，何况是再一次失败。他们付出了多大的代价啊，别的不说，仅仅在突击营地就待了4天4夜。

山地探险需要顽强的品质，需要经受住失败，甚至多次失败的考验。懦夫是不能成为登山家的。

南迦巴瓦峰确实是难以攀登的，1984年首登失败，1991年再登又失败。但这失败并未使人们失去信心，人们从失败中吸取了经验和教训，中国人民是有志气的。一定要登上南迦巴瓦峰。

1992年10月30日，中日两国登山家共同努力，终于登上了海拔7782米的南迦巴瓦峰！

◎梅里雪山山难

梅里雪山又称雪山太子，位于云南省迪庆藏族自治州德钦县东北约10千米的横断山脉中段怒江与澜沧江之间，平均海拔在6000米以上的有13座山峰，称为"太子十三峰"。主峰卡瓦格博峰海拔高达6740米，是云南的第一高峰。

1908年法国人马杰尔·戴维斯在《云南》一书中首次使用"梅里雪山"的称呼。但实际上梅里雪山所指的并不是卡瓦格博峰所在的太子十三峰，而是指在太子雪山北面的一座小山脉。这个错误主要源于我国20世纪60～70年代的全国大地测量。当年，一支解放军测量队到了德钦，在与当地人的交流中，误把卡瓦格博峰所在的太子雪山记作了梅里雪山，并在成图后如此标注出来。从此，太子雪山就成了梅里雪山。

梅里雪山主峰卡瓦格博是云南第一高峰。峰型有如一座雄壮高耸的金字塔，时隐时现的云海更为雪山披上了一层神秘的面纱。被誉为"雪山之神"的卡瓦格博峰作为"藏区八大神山之一"，享誉世界。

梅里雪山

梅里雪山以其巍峨壮丽、神秘莫测而闻名于世，早在 20 世纪 30 年代美国学者就称赞卡瓦格博峰是"世界最美之山"。卡瓦格博峰下，冰斗、冰川连绵，犹如玉龙伸延，冰雪耀眼夺目，是世界稀有的海洋性现代冰川。

知识小链接

海洋性冰川

海洋性冰川是海洋性气候条件影响下发育的冰川。它的主要标志是冰川恒温层的温度接近零度。这类冰川的冰温较高，故又称为"温性"冰川。由于气候湿润、降雪量大与负温较高而雪线较低，海洋性冰川的收入多支出也多，活动性强，冰舌常能伸延到海拔较低的森林带内，冰川地形地貌作用也较强。欧洲的阿尔卑斯山脉、我国的西藏东南部与横断山脉的冰川，基本上都属于这种类型。

1990 年冬天，经过两年多的准备，中日联合登山队在周密调查的基础上，制定了一个攀登路线。这一次，他们志在必得，一定要登上卡瓦格博峰。

按照计划，第一、二、四号营地的建立都很顺利，但在选择第三号营地时，中日双方的队员之间发生了争议。中方认为，为了安全，营地应该建立在远离山脊的地方，可以避开雪崩区。日方认为，为了登顶节省体力，第三号营地应该尽可能接近山脊中部的第四号营地，如果后靠，离第二号营地太近，就失去了第三号营地的意义。双方都有道理，队长井上治郎只好派队员米谷上山做最终裁判。遗憾的是，米谷上山时，山上大雾迷漫，什么也看不见。最后，井上

卡瓦格博峰

治郎队长决定，第三号营地选择在中方意见靠前一点，日方意见靠后一点的中间位置。

山难发生以后，第三号营地的位置成了争议的一个焦点。实际上，第三号营地已经经历过一次雪崩警告。段建新当时是登山队的伙夫，人手紧时也负责通讯。他在第二号营地住了一个星期。第二号营地与第三号营地之间是一个 3000 米左右的缓坡，非常开阔，天气晴朗时可以看见第三号营地的帐篷。那是在一个中午，伴随着一阵山崩地裂的巨响，整个山体抖动起来。他冲出帐篷，看到第三号营地上方的大冰川轰隆轰隆往下掉，崩塌下来的雪浪携着巨大的气浪直扑向第三号营地。大约十几分钟，等气浪平息以后，第三号营地才重现。他看到雪崩线在距第三号营地约有几百米到 1000 米左右的位置停了位。这只是一个中型雪崩，就发生在山难发生之前十几天。

第四号营地建立在海拔 5900 米的一个大冰壁前，登山队以此为基地，准备第一次尝试登顶。1990 年 12 月 28 日上午 11 时 30 分，突击队 5 名队员接近主峰背后的山脊，到达 6200 米的高度，这是卡瓦格博峰从未有过的攀登高度，第三号营地的队员得到消息后，都敲盆敲碗为即将到来的胜利而欢呼。然而，就在这个时候，天气突然转坏，乌云遮没了山顶，风也开始刮起来了。在到达 6470 米时，中方队长宋志义感觉东南方向好像有云层向他们压过来。这时，峰顶就在眼前，垂直距离只有 270 米。随着乌云的到来，气温急剧下降。刹那间，5 名突击队员被冻得浑身颤抖。紧接着，狂风怒卷，石头般坚硬的雪粒，狠狠地抽打在人们的脸上。突击队迫不得已拉起了简易帐篷，以避风寒。暴风雪掠过帐篷，发出犹如砂纸打磨的声响。下午 4 点，风雪依旧肆虐，丝毫没有停止的迹象。井上治郎队长只能痛苦地命令：取消行动，返回第三号营地。但此时，突击队下撤已经很困难了，山顶被黑云笼罩着，漫天风雪中，5 名队员彻底迷失了方向，找不到路了。队员们几次试图冲出黑暗，都因无法辨别方向而被迫放弃。最后，井上治郎队长只得让他们将剩余的食品集中起来平均分配，做好在山顶过夜的准备。

此时，天气越来越坏，风也越刮越大，卡瓦格博峰已经隐藏在一大块很厚的云层中看不到了。队员们再也坚持不住了，准备往下撤。到了晚上 10 点 15 分，风突然停住了，乌云散去，月光把雪地照得亮堂堂的。11 点 13 分，突击队安全地回到第三号营地。这次冲顶的成果，是观察了最后的地形，结论是：已经没有克服不了的难点了。为此，登山队摆酒庆祝，6470 米，对攀登卡瓦格博峰来说，已经是一个前所未有的高度了。

鉴于 12 月 28 日冲顶的经验，登山队决定，登顶日期定为 1991 年 1 月 1 日。但是，从 29 日开始暴雪突至，天地一片迷茫，把第三号营地死死封住。登顶日期不得不一再后延。在正常情况下，张俊每隔几天就会从第二号营地与大本营之间往返一次。1991 年元旦，张俊下山后就被漫天大雪困在了大本营。他因此成了这个世界上最后一个看到第二号营地的活着的人。

1 月 3 日晚上，山上山下仍然像往常一样通过对讲机聊天。10 点 30 分的通话中，山上的队员还在抱怨：这雪究竟要下到什么时候才算完。新雪已经有 1.6 米厚，差不多超过人了，张俊提醒他们每隔两个小时把帐篷周围的雪清理一下。

1 月 4 日一大早，张俊醒来后，感到四周有一种出奇的安静，已经 7 点半了，居然没有听到山上的对讲机的声音。往常，山上的队员起得很早，五六点就开始吵他们。他打开了对讲机，对方没有声音。半个小时过去，对讲机的那头异样的安静。开始还以为他们睡懒觉，但随着时间一分一秒地过去，大本营的工作人员开始紧张起来，所有人都拿着一部对讲机不停地呼叫着。第三号营地 17 个人，都是很有经验的登山者，而

广 角 镜

飞来寺

飞来寺位于师宗县龙庆乡豆温村东南隅的正乙山中。此山在当地一山独尊，巍然矗立，高耸险峻，雄伟壮观。山中佳木蓊郁，紫竹丛林，一片葱茏，景趣盎然；盘桓在寺庙背后古木上的蔓藤，犹如玉帘垂吊，悠然晃动，美不胜收。

且 17 部对讲机不可能同时出问题。9 点钟很快就到了，和营地的队员失去联系这么长时间，是出发以来的四十多天里从来没有发生过的事情。张俊要求向昆明报告，其他人不同意，他们开了个会议，说等到 10 点以后，再没消息再往上报。

正在这时，大本营附近发生了一次不大的雪崩，这让焦急中等待的队员又平添了一丝恐惧。10 点刚到，张俊就向昆明的指挥部做了报告。17 位队友在一夜之间就悄无声息的和大本营失去了联系，这是一个难以接受的事实。多年来，张俊最无法忘记的就是这件事，最不愿提及的也是这件事。

等待救援的那段时间，是他一生中最漫长的几天。当时，中方、日方的所有队员全都在山上，包括突击的、登顶的和指挥的，整个一个登山指挥系统全部在山上，大本营基本上是属于后勤人员，他们唯一能做的就是被动等待。连日的大雪到了 1 月 4 日这天突然就停了，天空放晴，一丝云彩都没有。接下来的 4 天里，整个梅里雪山晴空万里。张俊无奈而伤感地说："如果真有神灵的话，那神灵给了我们 4 天的时间，但我们没有抓住。等到飞机来了，救援队来了，天一下子就变阴了，连日暴风雪。"

广角镜

昆 明

昆明为云南省会，是国家级历史文化名城。它是云南省政治、经济、文化、科技、交通中心，是我国重要的旅游、商贸城市，西部地区重要的中心城市，亦是滇中城市群的核心。此外，它还是中国面向东南亚、南亚开放的门户枢纽，是中国唯一面向东盟的大都市。夏无酷暑、冬无严寒，气候宜人，具有典型的温带气候特点，年温差为全国最小，这样在全球亦少有的气候特征使昆明以"春城"而享誉中外！

由于天气原因，经过 7 天漫长的等待后，中国登山队派出的救援小组终于赶到大本营，实力最强的西藏登山队在仁青平措的带领下，日夜兼程从拉萨赶来。滇藏公路两千多千米路程，平日至少需要 6 天时间，他们两天就赶到了。遗憾的是，救援队到达的时候实际上已经变成了搜索队。几天过去，山上的队员已经不可能存活了。两支队伍加在一起，十名顶级高手聚集一堂，但在铺天盖地的暴雪面前，冲击显得微不足道。他们选择了几条不同的上山路线，都失败了，只有西藏登山队到达第一号营地，但无法接近第二号营地。第二号营地是关键位置，到达第二号营地，就能知道第三号营地到底发生了什么。

1月9日，一架侦察机乘云层散开的瞬间，在高空飞了几个来回，拍了照片，看到第三号营地所在位置有30万吨以上的云团样物体堆积，判断是雪崩。京都大学的救援队也到了，可是我国西藏登山队上不去，日本登山队就更上不去了。1月21日指挥部正式宣布17名队员失踪，搜救行动失败。

22号，救援队宣布撤离。

就在宣布搜救失败、指挥部下撤的当天，大本营附近也发生了一场可怕的雪崩。

一片宽300米、长400米的冷杉林，树的直径都在50厘米以上，在雪崩过后，杉树林齐刷刷地倒伏在地，一棵不剩。十几年过去，灾难发生时的恐怖情形依然如故。在那里放牧的老乡说：这是很奇怪的，这片树林并没有在发生雪崩线路上，仅仅是雪崩的气浪就把树林摧毁了。

山难使卡瓦格博峰越显神秘。接下来的几年里，中国登山协会接到了许多国家和地区的登山申请。对于登山者来说，雪山只是一个高度和海拔，攀登一座从未被攀登过的山峰，是很刺激的，尤其是这座山峰发生了登山史上如此著名的事件。出于对死难者的感情，云南省为京都大学登山队保留了五年的首登权。

🔰 ◎ 雪崩和冰崩

山地探险，尤其是高山探险最难对付的灾害就是雪崩和冰崩，尤其是雪崩。有无数探险者曾因

你知道吗

冷杉

冷杉是松科的1属，有50余种。常绿乔木，树干端直。它分布于欧洲、亚洲、北美洲、中美洲及非洲最北部的亚高山至高山地带。冷杉属植物发生于晚白垩世，至第三纪中新世及第四纪种类增多，分布区扩大，经冰期与间冰期保留下来，繁衍至今。冷杉具有较强的耐阴性，适应温凉和寒冷的气候，土壤以山地棕壤、暗棕壤为主。常在高纬度地区至低纬度的亚高山至高山地带的阴坡、半阴坡及谷地形成纯林，或与性喜冷湿的云杉、落叶松、铁杉和某些松树及阔叶树组成针叶混交林或针阔混交林。

为冰崩或者雪崩而遇难。

1990 年 7 月，在帕米尔高原列宁峰海拔为 7149 米高处，一个已安全使用了 50 年的宿营点上，突然爆发了大雪崩，40 多名登山者中，仅有 3 名得以生还。

日本著名登山家，被称为"北壁三冠王"（他于 1977 年至 1979 年 3 年的冬季，分别单独攀登上欧洲阿尔卑斯山脉的 3 大北壁：海拔 4478 米的马特洪峰，海拔 3970 米的爱格峰，海拔 4208 米的大乔拉斯峰）的长谷川恒男在 1991 年秋攀登位于巴基斯坦境内的世界著名的处女峰、海拔 7388 米的乌尔塔 II 峰时，遇雪崩遇难，年仅 43 岁。当时，雪崩把他打得滑坠了 1300 米！

确实，雪崩的力量是巨大的。最厉害的雪崩，时速可以达到 304 千米，每次含雪量可超过 100 万吨；最高纪录是 1885 年意大利阿尔卑斯山区的大雪崩，总含雪量竟多达 250 万吨。每次大雪崩所经之处，别说人畜房屋，即便是公路、铁路、供电设施、保护棚栏、树木，也都会在几秒钟内被毁。

1990 年 7 月，日本一大学登山队一行 13 人，来登托木尔峰，7 月 27 日抵达海拔 3900 米的大本营。8 月 11 日登山队的 3 名先遣队员登到 6400 米高度侦察，当晚返回 5800 米处扎营。但就在当晚发生了一场可怕的雪崩。第二天清晨，大本营得不到他们 3 人的消息后，立即出发到 5800 米处搜索。只见该地面目全非，四处散落着雪崩冲下来的雪块，雪坡断裂形成直径 2 米的大洞，原来的平台不见了，一道新形成的雪壁反射着刺目的阳光。后来，我国国务院派航空兵某部用直升机前往出事地点协助救援，也未找到。3 名日本探险者就长眠在托木尔峰。

不少曾胜利登上过珠穆朗玛峰的登山家，后来竟惨死在比珠

拓展阅读

直升机

一种以动力装置驱动的旋翼作为主要升力和推进力来源，能垂直起落及前后、左右飞行的旋翼航空器。它主要由机体和升力（含旋翼和尾桨）、动力、传动三大系统以及机载飞行设备等组成。旋翼一般由涡轮轴发动机或活塞式发动机通过由传动轴及减速器等组成的机械传动系统来驱动，也可由桨尖喷气产生的反作用力来驱动。

穆朗玛峰低得多，而气温高得多的阿尔卑斯山脉，造成他们遇难的原因就是雪崩。据统计，1982 年到 1992 年，阿尔卑斯山区因雪崩而死亡的人数为 1210 人，平均每年超过了 100 人！

雪崩是突发的，但也有外因的诱发。外因如轻微的震动、喧嚣、动物攀登等，都可能诱发雪崩。在我国天山某些山地，黄羊、马鹿等动物在冬季沿着积雪的山坡寻找食物，不小心踩裂雪层而引起雪崩的情况，每年都有。

山地探险者在行进途中一定要避免高声喧哗，同时还应注意避开雪崩的运移路径——雪崩槽。它们往往表现为深入山坡自上而下延伸的光裸窄带，缺乏植被，基岩裸露，在远处就可以分辨出它们光亮的色泽。

冰崩也是登山者的敌人，威胁也很大。和雪崩不同（雪崩较多发生于冬春），冰崩较多发生在冰融的夏天。也有发生在冬天的，如在 1980 年 2 月，瑞士从泽尔马特到卢舍恩的公路全部被冰崩切断了，山谷里填满了巨冰与岩砾。

法国的沙莫尼、瑞士的泽尔马特等地都是山地探险者的登山营地所在，整个夏季，几乎天天可听到远处冰崩之声。

秘鲁是世界上冰崩危害最严重的国家之一。海拔 6760 米的瓦斯卡兰山，冰崩曾几次造成特大伤害。1962 年，冰崩引起的冰块与碎石直泻 16 千米，下降 4000 米，一下子就造成了 4000 人的死亡。1970 年，冰崩同地震一起发生，山下的永盖镇全部被埋，导致 1.6 万 ~ 2 万人死亡。

在阿尔卑斯山区，冰崩经常与洪水一起发作，造成的危害就更多、更大。

冰崩往往触发山崩、土崩，爆发的物质较多，造成的灾害更大。冰崩比雪崩更难预报，更难预防。一般能拦住雪崩的防护建筑栏也拦不了它。但冰崩发生的海拔更高些，造成的伤亡总数少于雪崩。

探险本身就是一种冒险，翻开世界和中国的山地探险史，不少优秀的山地探险家都是在山地探险熄灭了自己熊熊燃烧的生命之火。在世界著名的山峰，如珠穆朗玛峰、麦金利山、阿尔卑斯山脉等的山峰下，竖立了不少登山探险家的墓碑，但他们的身躯早已化作了高山。这里仅摘取几则悲壮的故事，描述如下。

他在珠穆朗玛峰 8500 米处滑坠。1975 年，我国登山队再次攀登珠穆朗玛峰。在这支队伍中有位中年人，他就是登山队的副政委邬宗岳。1960 年我国首次登珠穆朗玛峰时，他也是登山队一员，主要是作运输工作（我国优秀的登山家几乎都当过运输工），将物质运达海拔 8500 米的高山营地。这次登珠穆朗玛峰，他除登山外，又担任了电影摄影和照相工作。5 月 5 日，他带领 27 名男女队员从海拔 8200 米向海拔 8600 米的最后一个营地进发。在艰难的行进中，他为了拍下在海拔 8200 米以上高度运动员与大自然搏斗的珍贵场面，竟冒着生命危险解开结组绳，走到队伍的后面拍摄电影。在这样高海拔的冰山雪峰上向上攀登，解开结组绳就意味着离开集体，离开了互相保护，随时都可能发生意外。队员们一次次呼唤他回到结组。他说："这也是任务，这么宝贵的资料，一定要留下。在结组里角度太近，不好拍。不要管我，你们先走吧。"他把登山队与珠穆朗玛峰搏斗的英姿摄入了镜头。晚 9 时许，到达突击营地的战友返回来接应他。夜色茫茫，所有的人把所有的手电都打开，仍未找到他。有人急得脱下鸭绒背心，要把它点燃，但高海拔缺氧，风太大，点不着。第二天，在海拔 8500 米处，发现了他的背包、冰镐、电影摄影机和氧气瓶。在背包旁边的悬崖处，有物体向下滑坠的痕迹……他化作了珠穆朗玛峰。他与这座高山同在。

1961 年，中国公格尔九孤峰女子登山队，在男队员的支援下，于 6 月胜利登上了位于我国新疆境内海拔 7595 米的公格尔九孤峰顶，打破了当时世界女子登山高度的纪录。6 月 19 日晨，登顶的女队员从海拔 7300 米处的营地，在男队员的接应下，12 名队员开始下撤。刚下撤 50 米，到 7250 米处，衡虎林不幸坠入 10 米深的冰裂缝，经过长达 6 小时的抢救后被拉出裂缝，但心脏

拓展阅读

摄影机

摄影机，又称摄录机、摄像机等，是一种使用光学原理来记录影像的装置。摄影机的发明当初是用于电影及电视节目制作，但现在已普及化。

正如照相机一样，早期摄影机需要使用底片（即录像带）来进行纪录，但现在数码相机的发明，使影像能直接储存在快闪存储器内。更新型的摄影机，则是将影像资料直接储存在机身的硬盘中，不仅可以动态录影，也可以静态拍摄。家庭式携带方便的摄影机机身轻，好操作，几乎是家庭必备的电器用品。

已停止跳动。此时已是晚上 20 点左右。剩下的 11 名队员编成 3 个组继续下撤。路滑坡险，能见度极差，加上一连下了 2 天大雪。当下撤到 6900 米处时，突遇雪崩，两个结绳组的 4 名队员（男 3 女 1）遇难，其中包括登上公格尔九孤峰的我国最优秀的女登山运动员西尧，遇难时年仅 28 岁。为此，中国登山队把 1961 年的 6 月称为"黑色的 6 月"。

世界上第三个登上珠穆朗玛峰的女性是波兰的女大学生万达。万达是在 1978 年登上珠穆朗玛峰的，当年 35 岁。她是位优秀的女登山家，1970 年即 27 岁时就成功地登上了海拔 7134 米的列宁峰。从 1985 年开始她就把登上地球上 14 座 8000 米以上的山峰作为自己的奋斗目标，进展也是十分顺利的。1985 年登上了海拔 8125 米的南伽帕尔巴特峰，1986 年登上了海拔 8611 米的乔戈里峰，1987 年登上了海拔 8012 米的希夏邦马峰，1989 年登上了海拔 8034 米的加舒尔布鲁木 I 峰，1990 年登上了海拔 8068 米的加舒尔布鲁木 II 峰，1991 年更是辉煌的一年，这一年她登上了两座海拔 8000 米以上的山峰——海拔 8201 米的卓奥友峰和海拔 8091 米的安纳布尔纳峰。攀登世界第二高峰——乔戈里峰时，她未吸氧，即无氧攀登。在 1992 年 5 月 12 日在攀登世界第三高峰、海拔 8586 米的干城章嘉峰登顶下撤时遇难。这位已经登上了 14 座 8000 米以上山峰中的 8 座的优秀的女性山地探险家的遇难，令人无限惋惜。

在现代喜马拉雅山脉的高山探险中，最早生活在我国西藏境内的夏尔巴族人做出了巨大的贡献。在首次登上珠穆朗玛峰的两人之中就有一人为夏尔巴族人，叫田津·洛克。几乎所有从南坡登珠穆朗玛峰的山地探险家都要雇用夏尔巴族人作向导和搬运工。夏尔巴族人在这当中付出了巨大的牺牲，仅仅在珠穆朗玛峰南坡，就有成百名夏尔巴族人长眠于冰雪世界中，一个夏尔巴族的年轻人说："我们夏尔巴族人几乎每个家庭都有人死于登山。"

有一名记者在 1991 年 8 月得知 1988 年参加双跨珠穆朗玛峰的尼泊尔队员中，在短短的 3 年中，已有 9 人先后遇难。他们都是夏尔巴族人，都是矫健的"雪山之鹰"。这中间包括尼泊尔最杰出的登山家、5 次登上珠穆朗玛峰顶、号称"酒神"的松德瑞，还有历史上第一批跨越珠穆朗玛峰的拉克巴等。

拉克巴有着罕见的登山天赋，1988 年他参加双跨珠穆朗玛峰的探险队时才 27 岁，可已经有了 15 座 7000 米以上雪山的登顶纪录了。他曾陪同有"登山皇帝"之称的意大利登山家梅斯纳登上世界第 4 高峰洛子峰和第 5 高峰马卡鲁峰。说起和梅斯纳的关系，他感到自豪。

有一年，梅斯纳在尼泊尔境内登山。他原来雇用的一名夏尔巴族人突然患病，拉克巴是作为补缺推荐给梅斯纳的。起初梅斯纳对拉克巴面露不满，主要是他个子矮小。但当拉克巴在一日之内从 5000 米到 8000 米之间进行了两次往返运输后，梅斯纳被震惊了！一般的登山者不要说两次，就是在一天之内能从 5000 米登到 8000 米就相当了不起了。从此，梅斯纳来尼泊尔登山，都指名要拉克巴陪同。1988 年有记者采访拉克巴时问："你和梅斯纳谁强？"

拉克巴说："我一点也不比他差！梅斯纳当然是个了不起的登山家。但他登山常常只背相机、步话机，有时还要我们在前边开路，只是他手中有步话机，所以他永远是'第一个登顶'。"说完他大笑不止，这时，在场的被称为"酒神"的松德瑞也说道："梅斯纳是了不起的，可别忘了，他的登山装备常常是我们给背到顶峰的。"

为了生活，夏尔巴族人登遍了喜马拉雅山脉南麓的群峰，但光荣和荣誉不属于他们，只属于雇用他们的外国登山家。

有记者又问："你是否想过要超越梅斯纳的纪录？"

"这太难了，他有后援，有人出钱，而我没有。"拉克巴这时摊开手没有笑，"再说，我虽然喜欢登山，也并不怕死，可我的父母早亡，家中还有姐弟需要我照顾。总登山难免出事，一旦出事，他们怎么办？我想再登几年，攒点钱就去做生意。"为此，在这次 3 国双跨珠穆朗玛峰探险活动中，当中国记者请他到中国队的帐篷来时，他说："我真想参加你们中国队！""为什么？""你们队员登顶有奖金呀！"说完，他大笑起来。确实如此，拉克巴是个优秀的山地探险家，但他没钱，只有不断地给外国登山家当向导和搬运工来挣钱过日子，养家糊口。1990 年在攀登世界第 6 高峰卓奥友峰时，巨大的雪崩使拉克巴的愿望没有实现。作为一个夏尔巴族人，作为一个登山家拉克巴虽说走得太早，但他真正成功过！

◎"雪人"之谜

喜马拉雅山脉的许多新奇现象和事物中最为人津津乐道的是"雪人"。

居住在喜马拉雅山脉高山深谷中的居民，几百年来一直坚持认为有"雪人"存在。但在外界直到100多年前才第一次知道"雪人"。

当时，一个叫沃德尔的英国登山运动员在锡金一座高约4880米的雪地上看到了一行神秘的脚印。他仔细观察了这行脚印，它们很像一个很高大的人的脚印。但在这样高海拔的地区，谁会一个人独自步行而且还光着脚行走？他回国后把此事做了报道，但并未引起足够的关注。

1906年，珠穆朗玛峰探险家、植物学家埃尔维斯在喜马拉雅山区不仅看见了一个"雪人"走过所留下的脚印，而且看到一个高大满身有毛、两脚直立行走的动物从他身边逃开，越过远处一个山背消失了。遗憾的是，埃尔维斯在这不久以后就去世了。

从20世纪20年代起，随着攀登喜马拉雅山脉的西方人越来越多，关于"雪人"的报道也在不断地增加。

1921年霍华德·伯恩带领一个探险队在试图攀登珠穆朗玛峰时，看见一个裸体、满身有毛、具有人形的动物在他下面的雪地上慢慢走过。为探险队服务的尼泊尔的夏尔巴族人在他身边以颤抖的声音解释说，那不是一般的人，是可怕的雪人。它会弄死牦牛，甚至弄死粗心大意的牧人。

霍华德·伯恩事后向新闻界讲述了他遭遇"雪人"的情况。印度《加尔各答政治家报》的记者纽曼被这个新奇的故事所吸引，还采访了那些夏尔巴族人。他们完全证实了这次遭遇，称这动物为"康米"，意思是"多岩石地方的家伙"。纽曼为了吸引读者，他曲解"康米"之意，把它称之为"雪人"，并在该报上发表了这件事。这可以说是有关"雪人"的第一次全面系统的报道。它引起全世界的广泛关注，一时成为许多报纸的头版头条新闻。

1925年，印度的一位植物学家托巴兹在他帐篷附近看见一个"雪人"。他像人那样直立行走，偶尔弯腰拔可食植物根和灌木。第二天早上，托巴兹去现场查看，未发现动物的爪痕，而看到一个用两脚行走的动物的赤足脚印，其脚趾和脚跟与人相像。无独有偶，11年后的1936年，英国的一个植物学家罗纳德·考尔贝克在尼泊尔的布姆坦贡巴附近爬到4880米的高度也看见了类似于人的脚印。

1948年，两个挪威人索伯格和弗罗斯特斯又在泽木加普附近发现了"雪人"的脚印。他俩顺着脚印追踪了数小时，碰见了一对高大的、一身粗毛、两脚行走的动物。他们企图用套索捕捉其中的一个，但是它们向弗罗斯特斯进行攻击，并抓伤了他的肩膀。索伯格赶紧鸣枪才把"雪人"吓跑，同伴获救。

英国探险家希普顿和夏尔巴族人为寻找一条攀登珠穆朗玛峰的新路线，在跨越门龙冰川时，发现了两行用两脚行走的脚印，清楚地印在雪地上。他立刻对这些脚印进行了拍照。

广角镜

长尾猴

猴科的一属，包括19种，是猴科中最大的类群。它产于非洲，大多数都生活在森林里。一些种类为非洲最常见的猴类。雄性通常较雌性毛色鲜艳。由于栖息地的日益减少，大部分长尾猴属的动物已受到生存的威胁，甚至濒临灭绝。

这些脚印显示两个"雪人"并肩前进，步幅比人的大，希普顿和他的同伴顺着脚印跟踪了数千米，到达一个深裂隙。这两个大家伙是从这里跨跳过去的。它们不像熊那样4只脚落地，而是一个脚落地，像人跨跳一样。希普顿的照片清楚地表明，"雪人"既不是4脚行走的动物，也不是属于一般所谓的人类。

这究竟是什么？屡屡的报导引起人类学家和动物专家的注意。起初他们认为"雪人"及其脚印是高山缺氧给登山者带来的幻觉。后来有了照片，他们认为"雪人"要么是喜马拉雅山脉的赤熊，要么是长尾猴。但是，赤熊用后脚站起来走不了几步路，脚印上应该有爪痕。至于长尾猴，它们的身体太轻，脚太小不能和"雪人"的脚印相比，而且长尾猴在地面上是四脚行走的。这3种情况都否定了。"雪人"到底是什么？

1954年，新闻工作者拉尔夫·伊泽德组织了第一个考察队，并得到英国《伦敦每日邮报》的资助。他们在尼泊尔的加德满都一带的高山谷地进行考察，没有见到"雪人"。但他们有两个发现：一是发现了"雪人"的粪便，说明"雪人"是杂食动物；二是他们在海拔较低处也发现了"雪人"的脚印，说明"雪人"不仅生活在高海拔的地方，也生活在低海拔的地方。

直到现在，这还是个未解之谜。但是我们相信，随着时间的推移，"雪人"之谜总有一天会解开的。

世界名山

　　地球上最沉稳高大的莫过于山，珠穆朗玛峰横空出世，玉柱擎天，惊煞神仙。安第斯山脉绵延数千里，与南太平洋相呼应。落基山脉连绵纵横，跨越寒带、温带。

　　大山在这里，像一位伟大的哲人，包藏着满腹锦绣，却总是默默无言。大山，偶尔将一颗金沙释放给流水，悄悄地传递出属于史前的信息。如果人类能读懂大山的语言，就等于找到了一本解释大自然所有词汇的活字典。

　　"仁者乐山"，孔子看到了大山宽容厚重的一面；李白面山独坐，参透出大山的飘逸与安闲；"横看成岭侧成峰"，苏轼顿悟出大山万千变化的法则。

意大利的脊梁——亚平宁山

一提起亚平宁山脉，我们会立刻联想到欧洲地图上的那只"长靴"。亚平宁山脉就是从西北方的滨海阿尔卑斯山脉一直延伸到西南方意大利长靴的趾尖部分，隔墨西拿海峡又在西西里岛突起，形成了一条弓形链条，纵贯整个意大利半岛。亚平宁山脉全长约 1270 千米，南北两端相对狭窄，宽约 30 千米，中部稍宽，可达 200 千米。尽管它源自阿尔卑斯山脉，但是两座山脉之间的差异之处依然非常鲜明。亚平宁山脉的景观比较单调，没有阿尔卑斯山脉如画般壮观的景色，许多山峰大都呈圆形，没有太大的差异。

亚平宁山脉是意大利半岛的分水岭，西坡的水缓缓地流着，越过崇山峻岭，奔向第勒尼安海；东坡的波河及其支流匆匆地绕过丛林，跨过绿色的平原，一头扎进亚得里亚海和爱奥尼亚海。

细细考察起来，"亚平宁"一词来源于塞尔特语，意思是"山之巅"。最初只用这个名字称呼山脉的北段，后来经过希腊历史学家波利比奥斯和地理学家斯特拉博的引用之后，这个称呼才指整个山脉。然而亚平宁山脉的形成却远远早于这个名称的最终确立，它与阿尔卑斯山脉和喜马拉雅山脉同龄，正处于青年时期。虽然山脉的中段和南段有一部分曾经发生

拓展阅读

西西里岛

西西里岛是地中海最大和人口最稠密的岛。它属于意大利，位于亚平宁半岛的西南。东与亚平宁半岛仅隔宽 3 千米的墨西拿海峡。公元前 8 世纪至前 6 世纪希腊人在岛东岸建立殖民地。公元前 241 年，它成为罗马帝国的一个省。以后历经汪达尔、拜占庭、日耳曼人等统治，1442 年并入西西里王国，不久又分裂，改受西班牙统治，1861 年并入意大利王国。1946 年 5 月起，西西里岛获得自治权。

过断裂，但整座山脉大致是褶曲地形，岩层变化非常明显。北段山脉多由脆弱的沙岩和黏土组成；中段山脉则由石灰岩组成；南段山脉则由石灰岩、沙岩和黏土组成，但到了山脉最老的部分，岩层又发生了剧烈变化，这部分山地多由结晶片岩、片麻岩和花岗岩组成，而拉丁姆和坎佩尼亚起伏的山峦则由火山岩组成。

尽管亚平宁山脉的岩层种类多变，但是它却缺少明显的地理特征。长期以来无法明确地给它划分区域地理范围，自19世纪以来，大多数地理学家倾向于分为北、中、南三段。亚平宁山脉的北段和大部分中段山区多是被山谷和盆地所分隔的纵向山地，只有少数山口穿越山区；南段和中段部分山区多为山块和高原，其间夹杂有山谷、盆地和峡谷，为当地的交通事业提供了有利条件。

基本小知识

盆　地

四周被山岭、高原环绕，中间为平原或丘陵的盆状地形。盆地，就像一个放在地上的大盆子，所以，人们就把四周高（山地或高原）、中部低（平原或丘陵）的盆状地形称为盆地。地球上最大的盆地在东非大陆中部，叫刚果盆地，面积相当于加拿大国土面积的 $\frac{1}{3}$。

北段亚平宁山脉起于与阿尔卑斯山脉交界的卡迪波纳隘口，一直延续到梅陶河发源地附近，又可以分为利久立亚平宁山和托斯科阿美梁亚平宁山。利久立亚平宁山濒临大海，海岸线呈锯状，气候温暖湿润，绿树四季常青，鲜花遍地盛开，葡萄、无花果味美可口。托斯科阿美梁亚平宁山逐渐向东朝亚得里亚海方向伸展，山脉北坡的丘陵地带绿油油的小麦连成了一片，犹如一个绿色的大地毯覆盖着地面，并且还不断地向四周伸展，而面向第勒尼安海的丘陵地带则盛产葡萄、橄榄和玉蜀黍。这里还是许多河流的发源地，波河支流雷诺河和梅陶罗河由此出发流入亚得里亚海，塞尔奇欧河、亚诺河及台伯河也发源于此地，最终注入第勒尼安海。

中段亚平宁山脉由包加塞瑞欧拉延伸到桑格洛河，又可以分为罗马亚平宁山脉和阿布路吉亚平宁山脉。我们可以沿着福拉米尼亚古道向此处的最高峰进军。山谷间一条条小河潺潺地流着，一簇簇丛林杂乱地生长着，岩石奇形怪状，遍布丛林之间。阿布路吉亚平宁山区是整个亚平宁山脉中最高、最曲折的部分，这里冬季比较漫长，降雪量非常大，厚厚的积雪覆盖着群山，绿树也披上了银装，缕缕枝头挂上了一层薄霜，太阳出来，此处变得金光闪闪，煞是耀眼。亚平宁山脉中段的西部有各式各样的小丘，山丘上布满了葡萄园，生长着橄榄；这里还蕴藏着铜、铁、锡和汞等各种金属。

桑格洛河向南，山脉又转向了第勒尼安海，这就是南段亚平宁山脉，又可以细分为那波雷塔、路加诺及卡拉布里安亚平宁山脉。那波雷塔山区火山现象比较显著，著名的维苏威火山就在这里。源于山脉的沃尔图诺河和塞莱河成为本地的重要水源，浇灌着千里平原。狭窄的卡拉布里安半岛山脉地质构造又有所不同。北部的西拉山是侵蚀高地，四周环绕着青山，河流由此经过峡谷注入海中，常常造成季节性的河水泛滥。

由于亚平宁山脉处于年轻的褶皱带和古老的接触地带，这里地壳极不稳定，常常发生地震和火山爆发，特别是火山的活动对地形的影响非常大。火山喷发常常发生在第勒尼安海东边大陆块边缘，比较著名的有索尔法塔拉火山、维苏威火山和埃特纳火山。

广角镜

埃特纳火山

埃特纳火山位于意大利南部的西西里岛，是意大利著名的活火山，也是欧洲最高的活火山，海拔约3200米。由于埃特纳火山处于几组地层断裂带的交会处，一直活动频繁。2012年4月12日，埃特纳火山再次喷发，这是自2011年1月以来第24次喷发。

"索尔法塔拉"在意大利语中的意思是"硫黄坑"，由此你的眼前或许会浮现这样一幅景象：索尔法塔拉火山烟雾弥漫，硫黄味弥漫在空气中，实际上这座火山的确就是这样。远远望去。火山的上方升起了缕缕白烟，如云似雾，又如炊烟，笼罩着火山的上空。

索尔法塔拉火山的入口处有

一座古香古色的拱门，门的两侧古树参天，碧草铺地，花香阵阵，彩蝶起舞，蜜蜂嗡嗡作响，一幅生机盎然的景象。可是再往上，根本上见不到一丝绿意。只是一片白茫茫的大地，不断地升腾着白烟，像在一片生石灰上浇了水一样。索尔法塔拉火山口呈椭圆形，长约 800 米，宽约 600 米，周长约 2 千米，火山口周围的灌木早已被烤焦了，地上一片黄白泥浆四处流淌，有的地方已经被烤得漆黑焦枯，空气中烟尘飞溅，散发着呛人的硫黄味。

火山口三面怪石林立，只有正面比较平坦、松软，通向火山口的小径两侧，到处布满了小洞，每个洞口都冒出了一股股白烟，并发出嗞嗞的叫声。有的洞口直径甚至达十几米，洞内深不可测，还时时发出咕咚咕咚的声音，像沸水升腾，又似洪水咆哮，随着断断续续的响声，冒出的烟气也逐渐增多。有一个名为"大口"的洞口，响声较为沉闷，温度高达 160℃，细小的沙粒在浓浓的蒸气中跳动，犹如沸水一般。由于火山作用，地下的蒸气和瓦斯不断地侵蚀岩层，形成了许多空洞，如若往火山随意扔一块石头，石块落地的响声顺着缝隙传入地下的空洞，就会发出闷雷一般的回声。

索尔法塔拉火山北侧的山坡下，有一座名为"火炉"的小建筑，是依着火山爆发后形成的洞穴修建的，里面温度极高，一个人进去几分钟之后就会产生一身大汗，可以医治关节炎等疾病。索尔法塔拉火山口是 1198 年火山喷发之后形成的，从此之后，它一直在喷发着，但是喷出来的不再是火山熔岩，而是岩浆，以后每次喷发时还伴有轻微的地震，因而许多人称它为"地狱之门"。

索尔法塔拉火山位于那不勒斯市的西面，而维苏威山则位于那不勒斯市的东南，海拔 1277 米，是世界上著名的活火山，也是欧洲大陆唯一的活火山。维苏威火山原是那不勒斯湾中的一座岛屿，由于火山爆发，喷出来的物质不断地堆积，最终与陆地连成一片，形成了现在陆地上的活火山。后来维苏威火山沉寂了近千年，整个山体已被茂密的绿树覆盖，景色非常优美，赫库兰尼姆和庞贝城就坐落在维苏威火山脚下。庞贝城建于公元前 8 世纪，曾是古罗马帝国重要的行政中心，当时庞贝城的居民已达 2 万人，是一个热闹非凡的城市。

然而，79 年 8 月 24 日上午 7 时，火山上空出现了一片云团，接着闪电般的火光划过天空，然后，整个天空暗下来，如同黑夜一般。据记载，当时四周空气的温度急剧上升，高达 300℃，火山喷出了大量的有毒气体，造成空气中严重缺氧。城里的居民在短时间内窒息而死，随后涌来的大量熔岩迅速地吞没了古城。从此，一座名城在地面上消失了，长达 1700 年。

在很长时间里，人们只能通过一个叫小勃里尼的两封信来了解当年庞贝城被淹没的情形，但没有人能找到这座古城的遗址。直到 1713 年，一个农民在挖井的时候发现了地下的庞贝城，但是真正的发掘工程是 1748 年开始的，当时发现了庞贝大剧场的几座房屋，到 1960 年基本完成了这项发掘工程。

拓展阅读

庞贝城

庞贝城是亚平宁半岛西南角坎佩尼亚地区一座历史悠久的古城，西北离罗马约 240 千米，位于意大利南部那不勒斯附近，维苏威火山西南脚下 10 千米处。西距风光绮丽的那不勒斯湾约 20 千米，是一座背山面海的避暑胜地，始建于公元前 6 世纪，79 年毁于维苏威火山大爆发。但由于被火山灰掩埋，街道房屋保存比较完整，从 1748 年起考古发掘持续至今，为了解古罗马社会生活和文化艺术提供了重要资料。

从出土的古迹中，我们会发现当时庞贝的文化水平很高，这可以从它的建筑、雕刻和壁画中推测出来。但是有许多是从希腊运来的，罗马自己的作品很少。当时罗马的将领打了许多胜仗，闲着没事，也开始变得高雅起来，他们搜集希腊的艺术品装饰自己的屋子，这些艺术品或是抢来的或是买来的。这种风气逐渐盛行开来，有些大户人家陈列的艺术品已经如博物馆一般。虽然古罗马征服了希腊，但是在文化上却是古希腊征服了古罗马。古希腊文化以古罗马为中介延续了下来，这一点我们从庞贝城遗址中得到了进一步的证实。

保存最完整的住宅是两个姓魏提的男子居住的。院子设计非常讲究，房屋高大，房间众多，一个宽敞的大院子，周围是一条条幽深的走廊，走廊下檐边悬着石雕的面具，院子里放着各种各样的雕像，中间是喷泉和鱼池，而且喷泉和鱼池往往是分开的，水从山上的铅管里流了出来，设计得非常巧妙。魏提家的壁画也非常多，墙壁多用红色，非常光滑，饭厅里画着带翅的小爱神忙着做各种艺术品。红墙周围还画了一道黑边，这与画面上的黄颜色形成了鲜明的对比，蓝色中还夹杂着粉色，用来画衣服和小爱神的翅膀，形象逼真，栩栩如生，这幅画明显模仿了希腊的石雕画。

由于当时庞贝城商业发达，人们生活很富裕，他们也学会了享受。他们的浴池设计得非常好，冷热浴都有，而且每个浴客还有一个存衣柜。浴池宽阔高大，墙上和圆顶上壁画琳琅满目，浴客可以一边洗澡，一边欣赏艺术。屋顶的正中方有一个大圆窗，光从这里射入，雨也从这里下来，但是他们并不在乎雨，反正浴池里面是潮湿的。浴池的对面就是饭店，洗完澡可以美美地喝点儿、吃点儿。庞贝城虽然不大，却有三大剧场，最大的剧场能容纳2万人，保存得非常完好，大概不常用，另外两个已经颓败不堪了。

庞贝城的街道是用石块铺成的，平坦宽敞，中间还带有三两块椭圆形的平石分开放着，据说是上下马车用的。车有车轮，恰好从石头的空处驶过。街道笔直，一眼就能望到头，可是衬着两旁一排排距离相仿的断垣残壁，又好像是无穷无尽似的。从整齐划一中见伟大，或许正是罗马人的伟大。

我们从古城的遗迹中也发现维苏威火山爆发时庞贝城丝毫没有任何准备，甚至炉内烤好的面包，橱内的熟鸡蛋，瓦缸内的蚕虫和小麦都历历在目。惊慌逃窜的人们倒在街道边，房门口还没有反应过来的人们刹那间便失去

广角镜

维苏威火山

　　意大利南部活火山，位于坎帕尼亚平原的那不勒斯湾畔。其西部山基几乎全在湾内。1980年，火山锥高1280米，但每次大喷发后高度都有很大变化。在约540米高度耸立着高大的半圆形山脊，称索马山，从北面围住火山锥。索马山与火山锥间为巨人谷。火山锥顶的火山口深约300米，直径约600米，于1944年喷发后形成。

了知觉，挖掘出来的被火山熔浆烧焦的人体约 2000 具，每具人体都显露出人们顷刻间死于非命时用力挣扎的恐怖状态。虽然维苏威火山吞没庞贝古城，使无数生灵葬身于火海之中，但它却把 1900 多年前的庞贝城完整无损地保留下来，为人们提供了极其珍贵的、完整的文物资料，庞贝古城已成为一座罕见的天然博物馆，每年吸引来自世界各地 200 多万游客。

维苏威火山在 20 世纪又喷发过 4 次，最后一次发生在第二次世界大战期间，当时盟军已经在这一带登陆，对战争造成了一定的影响。火山爆发前，这里先发生了几天地震，随后岩浆通过新的火山裂口开始向上涌动，最后溢出火山口沿坡而下，紧接着火山开始了大爆发，滚滚浓烟笼罩着庞贝古城，飘落的火山灰又一次把庞贝古城埋了 30 厘米。

现在，维苏威火山没有缆车，修有盘山公路。徒手攀登是一件非常困难的事，因为维苏威火山多次喷发出来的状似炉渣的火山灰覆盖地面达半米，稍有振动，就会哗哗下滑，容易发生危险。因而，最好沿公路爬山游玩。

亚欧界山——乌拉尔山脉

乌拉尔山脉是亚洲和欧洲的著名分界线。它一面是俄罗斯平原，另一面是西西伯利亚平原。它大部分在俄罗斯境内，北起北冰洋的喀拉海沿岸，南达乌拉尔河中游，最终伸入哈萨克斯坦境内，蜿蜒起伏 2000 多千米，宽约 40～150 千米，是伏尔加河、乌拉尔河流域同鄂毕河流域的分水岭。

第一个把乌拉尔山脉定为欧亚分界线的是俄国历史和地理学家塔吉谢夫。他通过实地考察发现从乌拉尔山脉东西两侧分流的领域内的动植物群差别颇为明显，向西流的河里的鲤鱼鱼体发红，而向东流的河里的马克鲟鱼、折东鱼的鱼体发白。于是，他断定乌拉尔山脉东麓是欧亚分界线。后来这一说法逐渐被人们接受下来，而且还在乌拉尔山脉东麓立有欧亚两洲界碑。碑高 3 米多，十分引人注目。

基本小知识

分水岭

分水岭是指分隔相邻两个流域的山岭或高地。河水从这里流向两个相反的方向。在自然界中，分水岭较多的是山岭、高原，但也可以是微缓起伏的平原或湖泊，甚至有的河流成为两个流域的分水岭，分水线是分水岭的脊线。它是相邻流域的界线，一般为分水岭最高点的连线。

乌拉尔按当地语意为"黄金之地"。实际上，"乌拉尔"一词源于突厥语，意为"带子"。的确，乌拉尔山脉好像一条不知被谁抛在欧亚大陆北部平原的窄绸带，从喀拉海岸一直延伸到哈萨克斯坦平原。在西北部，乌拉尔山脉通过派生山脉和瓦加奇岛与新地岛的山脉相连接。乌拉尔山脉南部的延续部分是木哥扎雷山。

乌拉尔山脉是古褶皱山。在古生代，乌拉尔原地是一个地槽，很长时间是一片汪洋大海。海洋曾经改变它的界限和深度，大量的物质也逐渐沉积了下来。不久，这个地区又发生了两次造山作用。第一次是加里东褶皱作用，这次褶皱作用虽然也波及大部分地区，但是对乌拉尔山脉作用不大。影响最大的是第二次，即海西褶皱作用，这次作用从乌拉尔山脉东部开始，一直扩展到西坡。乌拉尔山脉东部的海西褶皱作用比西部要强烈很多，这里形成了受到重挤压、经常倒转和倒卧的褶皱，而且还发生了深刻的断裂和厚层花岗岩浆的侵入。海西褶皱作用后，在乌拉尔地槽地区产生了褶皱山，随后这个地区不断地上升，最终成为一片广阔的大陆。

乌拉尔山脉是许多呈南北走向、彼此平行延伸的山脉组成的整个山脉。这样平行延伸的山脉，一般有两三列，有些地方会增加到四五列，南乌拉尔山脉山势非常复杂，至少有六列山脉，山脉之间还有成为河谷的狭窄低地。

乌拉尔山脉地形的一般特点是东西坡互相不对称，西坡比较平缓，逐渐转变成俄罗斯平原，而东坡则向西伯利亚平原突然下降，这一特点造成了主要分水岭山脉向东移动，比较接近西伯利亚平原。而且这条分水岭在乌拉尔山脉各地段名称也极不相同，在南乌拉尔山脉段为乌拉尔套山，在北乌拉尔山脉称为波亚索山。这条分水岭海拔并不高，山脉的最高峰一般位于分水岭以西。之所以会造成这种结果，是由于西坡河流侵蚀作用非常强烈，西坡河流大都有蜿蜒曲折的转弯，河流在上游多是南北走向，顺着山谷向低地奔流，然后河流向西急转，常常穿越高山，随后不是呈南北方向流动就是仍保持原有的东西方向流动。有许多河流甚至比山脉还古老，而河流的下切和山脉的隆起同时发生。

由于绝对高度不大，乌拉尔山脉主要是低地和山地构成的地貌景观。山顶平坦，个别山脉顶峰呈穹状，山坡轮廓非常平缓。在极地乌拉尔山脉和北乌拉尔山脉，石油分布很广。

乌拉尔山脉的气候因山体的南北延长，其类型也呈地带性演变。北部为冻原型，南部为草原型。南北气候差异在夏季最为明显。但是，乌拉尔山脉从整体上来看山势不高，东西宽度不大，因而也没有为乌拉尔山脉形成独特的山地气候创造条件。乌拉尔山脉东西坡降水量差异也很明显，西坡比东坡降水量要大，而且更温暖更湿润。尽管如此，乌拉尔山脉交错纵横的山地地形使它的地方气候也极为复杂，不同高度的山脉，不同坡向的山脉，山谷和盆地，都具有独特的气候。冬季或过渡季节，冷空气沿着坡面下沉，停留在盆地内，因此山中气温逆增现象非常普遍。

由于气候条件的变化，乌拉尔山脉上植物也呈地带性演变。山上的森林多种多样，有针叶林、阔叶林和小叶林，宽广的森林犹如连绵起伏的绿色长城，从极地沿着山脉向南延伸。在顶峰为山地冻原切断，在南部山地附近又被草原隔开。尽管如此，它们依旧穿山越岭，覆盖着这一方沃土。各种各样的动物生活在其中，山脉成为它们的天然屏障，比较常见的动物有棕熊、黑貂、狼、松鼠、水獭等，还有榛鸡、松鸡、黑百灵等。

乌拉尔山脉现在的景观也经过了漫长的发展过程。起初，在乌拉尔山脉的位置上隆起了丘陵和平原。丘陵有点像现代的哈萨斯坦克丘陵，平原的东面和南面依旧是浅海。当时气候非常炎热。乌拉尔山脉生长着常绿热带森林以及棕榈和月桂等稀有植物。随后，波尔塔瓦常绿植物被温带落叶植物所取代，大量的栎、山毛榉、栗、桦树日益繁茂。与此同时，乌拉尔山脉也由圆顶低丘逐渐抬升为中等山地，高原植物带也随之形成。后来气候日益寒冷，冰期临近，针叶林也逐渐增多，白桦林的比例也在增多。

乌拉尔山脉根据地质和地貌特征，我们可以把它分为极地乌拉尔山脉、北乌拉尔山脉、中乌拉尔山脉以及南乌拉尔山脉四个主要景观区。

极地乌拉尔山脉冻原地区从山脉最北端一直延伸到北纬64°30′。极地乌拉尔山脉与它的派生山脉一起形成了向东突出的弧形。派生山脉多具有圆顶低丘的特点，被低平的冻原带与极地乌拉尔山脉分开。往南海拔逐渐增加，最高峰人民峰就屹立在群山的中间。随后，极地乌拉尔山脉的宽度逐渐增大，至少形成了五六列平行延伸的山岭。极地乌拉尔山脉具有被覆盖冰川痕迹的、边缘被深槽谷切割的平整的高原状地面。现代冰川主要集中在萨勃利亚山和人民峰附近，山顶呈锯齿状，山坡被陡峭的冰斗和冰窝所侵蚀。这里的气候寒冷而湿润，在地势低洼的地方堆成了大雪堆。这里的植物比较稀少，山麓附近大都是一片片苔藓、地衣和灌木冻原。山脉的中部都是些碎石堆，几乎没有植被，往南有的河谷两侧有一些稀稀疏疏的落叶松，其间还混杂着云杉。

北乌拉尔山脉泰加林地区从萨勃利亚山南麓开始，一直延伸到康日阿科夫山和科斯瓦山。大体上由两列纵向山脉组成。其中东面有一座分水岭——波亚索威山，北乌拉尔山脉的最高峰——风山就屹立在山脉的西侧。北乌拉尔山脉山原阶地分布广泛，阶地的数量、大小、宽广，山坡的长度和高度不仅在各山顶上变化很大，而且在同一山脉的各个山脉上也有显著差别。总的来说，北乌拉尔山气候比较寒冷湿润，降水量充沛，这也给北乌拉尔山脉植物的生长创造了有利条件。这里暗针叶林郁郁苍苍，狂风袭来，林涛阵阵，而且发出一种奇怪的声响。

拓展阅读

乌法高原

乌法高原位于俄罗斯境内。它包括乌法河、尤留赞河及阿伊河流域。海拔一般在400～500米，最高点692米。高原为一平缓石灰岩背斜构造，地表有大片岩溶（喀斯特）地貌。它蕴藏有大型石油矿藏。

狼獾在林间游荡着，星鸦、太平鸟等在树梢上飞来飞去。

中乌拉尔山脉山势非常特殊。乌拉尔山脉到了这里仿佛屈服了，海拔转低，山脉的南北走向也渐渐地改为南—东，使中乌拉尔山脉与南乌拉尔山脉连成了一个向东突出的大弧形，环绕着俄罗斯的乌法高原。中乌拉尔山脉新构造运动表现不活跃，因而，它只能是个不高的准平原，山顶和山岭孤立，轮廓缓和，河谷宽阔，河水的侵蚀作用严重，有一些地方悬崖峭壁耸立，俯视着缓缓流淌的河水，非常雄伟壮观。这里湖泊星罗棋布，湖水犹如蓝宝石一般晶莹透明。山上针叶林和阔叶林密布，树冠相互挤压着，根本透不进一丝阳光。山间清泉呜咽，水流潺潺。这里的动物界发生了很大变化，各种动物陡然增多，有刺猬、夜鹰、黄鹂、赤蛇等。

到了南乌拉尔山脉海拔又突然增加，有许多山峰虽然峰顶比较平坦，但因有山原阶地而变得更加复杂，陡峭的石坡随处可见。山脚散布着许多湖泊，景色壮丽。这里夏天炎热干燥，冬天寒冷，积雪很厚。在寒冷的冬天，河流冰封，形成了冰堆，造成了鼢鼠和某些鸟类大量死亡。虽然南乌拉尔山地形复杂，但是这里的森林和草原巧妙地融到了一起，而且森林通常分布在有岩石的最高处。

乌拉尔山脉是俄罗斯最古老的矿山区。山脉蕴藏大量的矿产资源，有色金属、稀有金属十分丰富，翡翠、碧玉、孔雀石、水晶、紫石英、黄晶的产量也很大，因此有人将南乌拉尔山脉称为石带。此外，煤、石油、石棉、化学原料等也很多。

乌拉尔山脉绿树成荫，流水潺潺，风光优美，吸引着许多游客来此登山游览，欣赏迷人的野外风光。这里的广阔丰茂的草地和奇特的熔岩地貌都是观光的好去处。

北美洲的 "脊骨" ——落基山脉

巍巍落基山脉，群峰耸立，层峦叠嶂，如一条腾空而起的巨龙自北向南绵延起伏几千里，成为科迪勒拉山系的一脉名山，美国辽阔疆域的支柱，或许这就是许多美国地理学家称之为北美洲"脊骨"的主要缘故吧。

　　蔚然壮观的落基山脉是美国西部地区的著名山脉，位于科迪勒拉山系的东部，地形复杂多变，山势峻峭险要。整个落基山脉由众多小山脉组成，其中有名称的就有39条山脉，山体南北狭长，北起加拿大的西部，南至美国西南部的得克萨斯州一带，几乎纵贯美国大陆。大部分山脉平均海拔为2000米到3000米，许多山峰甚至超过4000米以上，如埃尔伯特峰高达4399米，布兰卡峰高达4365米，隆斯峰高达4346米，加尼特峰高达4202米。各个峻岭形如长剑，高耸入云；各个险峰，白雪皑皑，云雾缭绕。美国的许多大河如密西西比河、密苏里河、阿肯色河、格兰德河、科罗拉多河以及哥伦比亚河都发源于此地。不少河流还靠山顶的冰雪融化供给水源。因而，落基山脉成为北美洲东西两部最大的分水岭，山脉东部的河流注入墨西哥湾，山脉西部的河流注入太平洋。

　　如此粗犷美丽的落基山脉，经历了一个长达1亿年的形成过程，演绎了一部剧烈壮观的地貌变迁史。最初，落基山脉是一片巨大的地槽地区，到白垩纪初期还是一片碧波荡漾的浅海，各种生物自由自在地生活着。随后，这个地区不断地上升，昔日的海洋变成了陆地。各种生物为了生存，与大自然展开了一场激烈的搏斗，有的胜利了，而有的却永远从这个星球消失了。紧接着这个地区以排山倒海之势发生了大规模的造山运动，被压抑了几亿年的岩浆突然冲出了地面，燃烧着照亮了这片沉寂了几亿年的土地，吓得许多动物纷纷逃窜。地壳也发生了强烈的褶曲与压缩，山脉再度隆起，形成了巨大的花岗岩山系。怒火平息了，群山又受到冰川侵蚀作用，留下了陡峭的角峰、冰斗槽谷等地貌特征。经过这场漫长的造山运动，落基山脉终于以巨人的姿态屹立在北美洲这片辽阔的大地上。

　　落基山脉分布范围很广，南北各地的自然地理特征和生态环境差异很明显，呈现出风格独特的自然风光。我们不妨踏着前人的足迹领略一下大自然最为壮丽的景观。

　　第一个景观是南部落基山脉，从怀俄明盆地以南，或从北普拉特河上游东岸向南的地区都属于南部落基山脉，它由好几条平行的山脉组成。这里的气候温暖湿润，颇有田园风光的韵味。大部分山体多由前寒武纪的结晶岩组成，海拔多在 4000 米以上，其中以埃尔伯特峰为最高，是落基山脉的最高点。这里简直是峰的海洋，一个个紧挨着。有的如一把利剑直冲云霄，有的像一头大象在奔跑，有的像一顶礼帽颇具绅士风度，而有的却像一个静穆的老人陷入了沉思……山顶终年云雾缭绕，冰斗、冰凌奇特异常，冰峰刺天，十分壮观。山间小溪随处可见，流水清澈见底，清凉可口，许多可爱活泼的小鱼儿在水中嬉戏。一阵阵花香扑鼻而来，沁人心脾；一声鸟鸣清脆悦耳，心旷神怡。

你知道吗

变质岩

变质岩是指受到地球内部力量（温度、压力的变化）改造而成的新型岩石。固态的岩石在地球内部的压力和温度作用下，发生物质成分的迁移和重结晶，形成新的矿物组合。如普通石灰石由于重结晶变成大理石。

由于南部落基山脉构造复杂，又多为变质岩，因而这个地区的金属矿藏极为丰富，金矿、铅矿、铜矿和银矿到处可见。最早发现的是金矿，数以万计的淘金者曾经带着美好的梦想从四面八方蜂拥而至，希望一夜间变成富翁。于是，一幕幕抢夺黄金的悲剧上演了，他们的占有欲望空前膨胀，有的甚至比老葛朗台还要疯狂。

为了占有更多的金子，淘金者之间展开激烈的肉搏战，争得你死我活，肮脏的血玷污了这片美丽富饶的土地，令后人所不齿。不过，这里的金矿的确影响了这些淘金者的一生，有的从此成为富翁、资本家，而有的也从此一蹶不振，甚至失去了自己的性命。

或许南部落基山脉以壮观的自然风光闻名遐迩，而中部落基山脉却以温泉享誉全球。这里以高原为主，中间杂有一些山块，地质构造异常复杂，而且火山活动频繁，因而形成了许多温泉和间歇泉。这一地区的黄石国家公园是美国面积最大、历史最悠久的国家公园。该公园最壮观的景象莫过于被黄石河切割而成的高原地区，高大挺拔的松树密密麻麻排列着，郁郁苍苍，一眼望不到边。林间一条条瀑布飞流而下，晶莹透明的水流唱着欢快歌儿奔向远方。在上下瀑布和陶尔河汇合处，黄石河形成了一条北美洲最大的峡谷，深约 200 米，长约 390 千米。峡谷的两侧是悬崖峭壁，橙黄的岩层里杂以红、绿、紫、白多种颜色，峡谷的底部是汹涌奔腾的黄石河，河水清澈明亮。

　　而大多数游客对黄石国家公园最感兴趣的是众多的温泉和间歇泉。这些温泉和间歇泉与该地区近期火山活动有着密切关系，是地表上面的水遇到地表下面数百米深处的火热岩石形成的。水变热后，有的流进了小溪，有的又流回了地下，引起了与众不同的热泉现象。水流带出来的矿物质有的在附近沉积了下来。有的则在地表沉积了下来，正是这些矿物质形成了复杂的地表形态和地下岩洞。而间歇泉就是从这些岩洞里产生的，温泉里的矿物质和终年生长水中的藻类植物常常使泉水变得五颜六色，异彩纷呈。不仅如此，每类水藻在一定温度里颜色又不一样，而且还随着温度的变化出现大片的蓝、绿、黄、橙、棕等各种颜色。它有世界上最大的间歇泉——"老实泉"。这座最早被探险队发现的喷泉已经先后完成了 9 次间歇性大喷发，而且此地区其他间歇泉都有规律，像一位忠实的老仆人，每隔 50 多分钟喷发一次，时间长达 5 分钟。因此，探险队送给它一个很有意思的绰号——"老实泉"。"老实泉"一昼夜内通常可喷发 21 次或 22 次，水高高达 30～40 米，在日光的映照下如一条鲜艳的彩虹冲向云端，十分美丽，吸引了许多游客不由自主地停下了脚步，欣赏着大自然的伟大奇迹，还时时拍手叫绝，赞叹不已。

　　穿过了黄石国家公园，我们来到了北落基山脉。这一带山地主要由水成岩构成，似乎很松软的高原被冰川雕刻成庄严的山峰和切割成 "U" 形山谷。以前这里的冰川活动异常活跃，冰川加深了谷地，侵蚀了山峰，留下了不少冰川遗迹。冰峰耸立云间，冰凌奇形怪状。每当太阳升起来的时候，这里就会变成一个五光十色的世界，冰峰晶莹剔透，如一颗颗闪闪发光的钻石，折射出七彩的光芒，犹如梦境一般令人流连忘返。由于山地复杂的地层结构和强烈的火山作用，这里的有色金属矿藏很多，如美国的第二大铜矿就位于此地，每年产铜矿石 200 万吨以上，银、铜、锌的矿产量也均占美国的一半以上。

为了充分利用落基山脉优越的地理环境，美国早就兴建了黄石国家公园、冰河公园和大台顿公园，后来在科罗拉多州丹佛市附近的落基山脉又兴建了一个面积达 980 平方千米的落基山国家公园。每年来这里游览参观的人络绎不绝，人们可以在这里旅行考察，欣赏各个地质时期的山脉、峡谷、森林、冰川和冰河遗迹等，直接领略大自然的风姿。此外公园内还建立了一些新奇的自然博物馆，你可以学到人类学、考古学、生物学、地理学、气候学等方面的基础知识。有的旅行者还携全家老小在野外搭起了帐篷，点起了篝火，然后全家围坐在一起，吃着美味食品，偶尔还会唱一曲动听的乡村歌曲，享受一份都市里寻不到人生的乐趣。

美国西部开发时，移民们匆匆忙忙地越过落基山脉奔向西海岸寻求的黄金梦，然而当落基山脉传出了发现金矿的消息后，许多人又急匆匆地赶了回来。随着黄金不断地开采，这里也修筑了铁路，建立了城市，山里热闹起来了，使落基山脉地区成为美国发达的经济区之一。

世界上最长的山脉——安第斯山脉

在南美洲大陆的西部边缘，耸立着一条纵贯南北的蜿蜒起伏的巨大山脉，这就是世界上最长的山脉——安第斯山脉。它北起于特立尼达岛，跨越委内瑞拉、哥伦比亚、厄瓜多尔、秘鲁、玻利维亚、阿根廷和智利等 7 个国家，一直延伸到火地岛，全长超过 9000 多千米，占地面积达 180 万平方千米。在委内瑞拉以北的加勒比海水面下，安第斯山脉和西印度群岛、安第列斯群岛弧形山脉相连，在从哥伦比亚伸向巴拿马的山嘴处连接了中美洲和墨西哥的山脉，再向北延伸成为北美的落基山脉。安第列斯山脉向南延伸，最后在火地岛以南没入了德雷克海峡。安第斯山脉东部是奥瑞诺科大草原、亚马孙河低谷、巴拉那平原和巴塔哥尼亚高原。山脉的西部与太平洋之间隔着海岸山脉。在智利境内，海岸山脉低而且连绵不断，有谷地将它与安第斯山脉分隔开来；而在秘鲁和厄瓜多尔境内，海岸山脉被东西走向的安第斯山脉的分支所阻隔，直到哥伦比亚境内才得到恢复。

安第斯山脉在构造体系上属于科迪勒拉山系，是年轻的褶皱山脉，地质结构非常复杂，但它并不是持续不断的链状山脉，而是由好几个构造单元或远或近地结合而成，一般说来，褶皱和断层占了大多数。虽然对安第斯山脉的形成没有统一的看法，但许多地质学家都同意以下的观点：约6亿年前开始的古生代时期，安第斯山脉地区有一个地槽，沉积了大量的页岩和石灰岩；进入中生代时期，深层的石灰岩和页岩被覆盖了；中生代的白垩纪末期，这里又发生了强烈的造山运动，河水和冰雪急速下降，地层不断上升、褶曲，几乎推倒了整个南美大陆；随着新生代的到来，侵蚀作用至少在安第斯山脉中部形成了广阔的准平原；新生代末期，地层再度升起，使整个侵蚀面平原普遍升高了近1000米，有些地方甚至超1000米；后来这块高原又经历了一次侵蚀和高升，最终形成了今天的安第斯山脉的地貌特征。

知识小链接

褶皱山系

岩层在地质构造运动的作用下出现的层理弯曲，其连续性未受破坏的一种构造变形，又称褶曲。一个弯曲的中心叫轴部，轴部的两侧为翼部。根据褶曲的方向，可分为向斜和背斜两类。褶皱对地貌形态有重要影响，世界上绝大部分的山脉都是褶皱山脉，如喜马拉雅山脉、阿尔卑斯山脉。

安第斯山脉从南到北可以划分为南部安第斯山脉、中部安第斯山脉和北部安第斯山脉三个地理区，各地区差异很大，各具特色。我们不妨从南到北欣赏一番，看它们之间到底有什么不同。

南部安第斯山脉位于阿根廷及智利境内，从南纬30°左右一直延伸到南美洲大陆的最南端，基本由一个主山脉构成，形成了整座山脉最细密的部分。这里既有安第斯山脉最高的峰——阿空加瓜峰，又有安第斯山脉最低的山——火地岛。许多构造性的盆地四周环绕着岩质山脉，最南部的冰河活动频繁，冰层脱落后形成了一道冰流，冰块相互撞击，如流水一般奔向远方。

素有"美洲巨人"之美誉的阿空加瓜峰成为南部安第斯山脉最雄伟壮观的风景线。在众多高峰之中，阿空加瓜峰凌空而起，海拔约6959米，成为安第斯山脉的最高峰。它位于阿根廷的西部边境，是一座死火山，山峰是圆锥形，常常是云雾散尽之后我们才能观赏到它的雄伟英姿。山的顶峰堆满了巨大的岩石，疾风呼啸而至，令人无法立足。但是如若你站在这里向四周眺望，你顿时会被眼前的景色所陶醉。一座座雪峰在阳光的照耀下光彩夺目，一片片绿色尽收眼底，远处碧波荡漾的太平洋与蓝天融为一体……

其实，你到阿空加瓜峰旅游可以从门多萨坐旅游车向北行驶，沿途将会看到许多历史古迹和自然景观，首先迎面而来的是卡诺塔纪念墙。当年圣马丁就是从这里率兵越过安第斯山脉奔赴智利和秘鲁，去完成伟大光荣的任务。虽然，历史已经尘封了许多年，嘹亮的号角再也没有响起，但是这堵墙也经历了历史的风风雨雨，记载了那段时时被人想起的历史。你也可以体验一下当年开往战场士兵们的感觉，跨过这道墙向西，但不是战场的方向，而是到了当年安第斯山军砌成的拱形桥——皮苏塔桥。昔日一队队安第斯军在响亮的号角指引下跨过了这座桥，浩浩荡荡地奔向战场。如今，附近只剩下了他们曾经流过血汗的兵工厂和冶炼厂等，一台台机器早已锈迹斑斑，成为历史最有力的见证者。再向前走，你将会看到一座天然形成的石桥——印加桥，许多登山者常常以此作为出发点，开始漫漫的征途。印加桥附近有一组高大的岩石峰，它们静悄悄地站立着，仿佛一群默默忏悔的世人，当地的印第安人亲切地称它们为"忏悔的人们"。

由于阿空加瓜峰独特的地理环境，此山区现在已成为阿根廷著名的登山旅游胜地。第一个登

广角镜

的的喀喀湖

的的喀喀湖位于玻利维亚和秘鲁两国交界的科亚奥高原上，被称为"高原明珠"。的的喀喀湖海拔高而不冻，处于内陆而不咸。的的喀喀湖是南美洲地势最高、面积最大的淡水湖。湖中有日岛、月岛等51个岛屿，大部分有人居住，最大的岛屿的的喀喀岛有印加时代的神庙遗址在印加时代被视为圣地。它至今仍保存有昔日的寺庙、宫殿残迹。

上阿空加瓜顶峰的人是马蒂阿斯·朱布里金。他于 1897 年 1 月 14 日成功地完成了这项登山计划。此后无数登山爱好者纷纷向这位"美洲巨人"挑战，试图登上"巨人瞭望台"领略那无限美好的风光。假如你想征服这位巨人，最好在冬季 12 月份带着你的登山许可证从印加桥出发，经过奥康内斯溪谷、荒山向西攀登，沿途有许多小木屋，当你爬累了或者遇上了暴风雪，你可以钻进小木屋休息片刻，养精蓄锐以便继续攀登。

中部安第斯山脉从瓜亚基尔湾向南至圣地亚哥附近。这里气候干燥，植被稀少，山势起伏不大，呈高原特点。阿尔蒂普拉诺高原主要位于玻利维亚，被两座大山所环绕，山脉走至的的喀喀湖北中断，湖附近有三组山脉在秘鲁中部会合，随后又分开。最终又在厄瓜多尔的南部汇聚到一起。玻利维亚的首都拉巴斯就坐落于这座高原上一个壮丽的大山谷中。整座城市蹲伏在崎岖不平的谷底，拥有大自然赋予的景观。拉巴斯散发着一种独特的略带陈旧的风采，窄窄的街道，灰暗的住宅，在霓虹灯照耀下显得若隐若现，变幻不定。

既然已经来到这片高原，我们不妨到那充满神话色彩的的的喀喀湖划一会儿船，观赏此处与众不同的自然风光。这个湖泊位于玻利维亚与秘鲁的边界上，海拔为 3800 米，其延伸长超过 160 千米，西北部分较大，东北部分较小，中间还有一个狭窄的峡谷。天空一片碧蓝，映照着湖岸边的苍翠，如同蓝宝石一般，辽阔的湖水波光粼粼、无边无垠，仿佛一直延伸到天边；而远处的群山中那犹如锯齿般凸凹不平的雪峰，依旧在明亮的阳光下璀璨夺目。在湖边的苏里奎岛上，当地人们依旧在制造一种传统上的芦苇船，这种船的船身小巧玲珑，两端尖翘，非常结实。捆绑船身的绳子从甲板延伸，一路绕过船底，又干净又利落，每一根芦苇安放的位置精确无比，达到了一种完美的平衡，呈现出优美无比的造型。一束束芦苇紧紧地被捆绑在一起，整艘船看起来像一只用镀金的木头造成、尖头尖尾的木屐。这种芦苇船曾经是的的喀喀湖上的重要交通工具，已经被岁月慢慢地遗忘了。

北部安第斯山脉位于哥伦比亚和委瑞内拉境内，可以分为三个地区：东部、中部和西部山脉。西部山脉地势最低，大块结晶地层与中部山脉相似，后者地势最高，以哥伦比亚境内的考加河谷与西部山脉为分界。东部山脉是由成层岩覆盖结晶岩层之上形成的，与中部山脉以哥伦比亚境内的马达雷那河谷为分界，有一部分河谷因断层下陷而形成。

由于受太平洋和大西洋气流的影响，安第斯山脉东西部降雨量不尽相同，许多山区东西坡甚至呈现出截然不同的地理风貌。不过，厄瓜多尔的瓜亚基尔北部山脉东西部的降雨量都很充足，看不出什么差异。从瓜亚基尔到智利和阿根廷北部，山脉东坡的降雨量比较充足，西坡则极其干燥。有些专家指出秘鲁和智利北岸由于饱含水蒸气的暖风只能到达面向大西洋的坡地，无法越过中部安第斯山脉，最终导致了沙漠的出现；另一些专家则认为由于哈姆堡特洋流冷却了盛行的南风和西南风，使气压趋向稳定，最终导致了降雨量稀少。南纬30°～40°地区，山地两面都很干燥。过了南纬40°以后，盛行的西风才给迎风坡带来了大量的降雨。

一般说来，海拔越高，气温就越低。哥伦比亚境内的安第斯山脉是随着海拔的变化而呈现出垂直气候区的典型。从海平面到海拔914米处是热带区，年气温为24℃～28℃，适合生长香蕉、甘蔗、可可和椰子等热带经济作物；914～1833米是温带区，气温为18℃～24℃，为玉米和咖啡的生长提供了有利条件；1833～3048米为寒带区，气温为12℃～18℃，适合种植小麦、番茄、温带水果；3048～3962米为高山平原，由于气温太低，不适合树木或农作物，只是一片贫瘠的草原。

由于气候的影响，安第斯山脉的植物也呈现了与众不同的特点，随着海拔的增加，植物呈条状分布，这一点在秘鲁的东部表现得很明显。面对大西洋坡地到约1200米地区为亚马孙雨林所覆盖，郁郁葱葱，往上出现了亚热带森林，再向上是能耐寒的低矮植物带，再往上是灌木丛和草地逐渐取代了高山植物，这些植物

你知道吗

仙人掌

一种植物，也是墨西哥的国花。它属于石竹目沙漠植物的一个科。为了适应沙漠的缺水气候，叶子演化成短短的小刺，以减少水分蒸发，亦能作阻止动物吞食的武器；茎演化为肥厚含水的形状；同时，它长出覆盖范围非常之大的根，用做下大雨时吸收最多的雨水，目前仙人掌科的植物将近有2000种。

一直抵抗着恶劣的自然环境，顽强地生长着。秘鲁东部低坡降雨量大，气温高，生长着大批阔叶雨林。两面低坡则是世界上最荒凉的沙漠之一，只有高大挺拔的仙人掌茁壮地生长着，成为本地唯一的绿色植物。当然，随着纬度的变化，植物分布也有所不同，智利南部多为热带雨林和草原。而哥伦比亚和厄瓜多尔北部面对太平洋和大西洋的低坡多为赤道雨林。

安第斯山脉同时还孕育了南美洲古老的文化，成为美洲印第安文化的发祥地之一。这里流传着一个充满神奇色彩的传说，尽管稍有差异，但是各民族的古老传说都提到了一个身材高大、皮肤白皙、满脸胡须的神秘客人，他具有无穷的智慧和法力，在一个动荡不安的时代来到了人间，肩负着拯救民众于水火之中的使命，这就是传说中的维拉科查。他给秘鲁的印第安人带来了文明和教化，改变了印第安人的生活方式，为印第安文化开创了黄金时期，为后世子孙所怀念。人们永远不会忘记他把文明社会所需要的各种技艺带到秘鲁，如医疗、冶金、农耕、畜牧、文字书写。他还给印第安人传授了一套系统的建筑工程知识，带领他们建造了许多绝世之作，如贯穿印加帝国全境的公路网、古老的萨克赛华曼城堡，令后人叹为观止。

广角镜
猎户星座

猎户星座，赤道带星座之一。它位于双子座、麒麟座、大犬座、金牛座、天兔座、波江座与小犬座之间，其北部沉浸在银河之中。星座主体由参宿四和参宿七等4颗亮星组成一个大四边形。

其实，在众多的历史遗迹中最为著名的当然要数世界第八奇迹的纳兹卡巨画。当你乘坐飞机飞行在纳兹卡高原上空时，你就会为地面上所描绘的图形和线条惊叹不已。飞机掠过鲸和猴子的图形，一只美洲蜂突然映入了眼帘，它拍打着翅膀，伸着细长的嘴，仿佛啄食花蜜的样子。飞机前行，突然一只苍鹰闯入了视野，它深深地镌刻在地面上。想必这是一位想象力极为丰富的几何学家创造出来的吧。接下来飞越一组奇妙的图形，你就会看见一只鹈鹕旁边罗列着一群鱼儿和三角形图案。更令人惊奇的是许多图形达到了相当高的科技水平，有一幅著名的蜘蛛图形所显示的实际上是猎户星座的形状，而连接这个图形的笔直线条作用在于追踪猎户星座三颗明星的行径。同时，这幅图形还精确地描绘了一只学名为"节腹目"的蜘蛛的形状。这种蜘蛛十分少见，全世界只有亚马孙河最偏远、最隐秘的地方才能找到这种动物，那么这幅巨画的创作者又如何不辞辛苦地穿越高耸险峻的安第斯山脉进入亚马孙河地区寻找这种蜘蛛？这的确是一个难解之谜，当地老百姓都说这些线条和图形不是凡人的产物，而是维拉科查留下来的作品。实际上，连谁是维拉科查都无法考证，就更不用说这幅纳兹卡巨画了。

安第斯山脉带着悠久古老的文化早已载入了世界文明的史册。他不仅给人们带来了美丽的自然风光，而且还给人类留下了众多的人文景观，引导人们思考那段令人费解的历史。